이트러버의
고기 백과 사전

미트러버의 고기 백과사전

세상 모든
고기러버들을 위한
레벨업 가이드북

황재석 · 김지윤 지음

bs
브레인스토어

고기를 '잘'
그리고 '맛있게'

인간이 고기에 열광하는 것은 이성보다는 본능의 영역이 아닐까 싶습니다. 채식주의Veganism라는 단어에는 이념ism이 붙는다면 육식애호Meatlover라는 단어에는 열정lover이 따라붙듯이 말이죠.

누구나 좋아하고, 매일 먹고, 심지어 비싸기까지 한 환상적인 식재료 고기의 유일한 문제점은 그동안 소비자들에게 제공된 정보가 너무 없었다는 겁니다.

"삼겹살을 100번도 넘게 먹었지만 정확하게 어떤 부위일까?", "명절 때마다 사 가는 LA갈비는 왜 이런 이름이 붙게 되었을까?" 이런 평범한 의문 하나에도 정확하게 답을 할 수 있는 사람은 생각보다 많지 않습니다.

그동안의 식육 정보는 생산, 유통, 조리의 영역에서만 공유하는 특수한 정보에 가까웠기 때문이며 기업 역시 이를 적극적으로 알릴 여력이 없었던 것이 현실입니다.

아이러니하게도 일반 소비자 입장에서는 잘 몰라도, 어떻게 먹어도 고기는 늘 만족감을 주었기 때문에 되레 의문을 갖지 않았다고도 볼 수 있습니다. 이렇게 큰 산업이 정보 비대칭의 레몬 마켓으로 존속된 것이 신기하면서도 이해가 가는 일입니다.

하지만 유튜브가 등장하면서 이제는 이야기가 달라졌습니다. 일반 소비자들도 자신의 선호에 적극적으로 개입하고 학습하는 시대가 된 거죠. 미트러버의 누적 조회수가 3억 뷰에 도달했다는 건 그만큼 식육 정보에 적극적인 관심을 가진 소비자들이 늘어나고 있다는 반증입니다. 동시에 이들은 대한민국의 식육 문화를 새로운 장으로 이끌 수 있는 힘을 보여 주고 있습니다.

맛집이나 먹방, 요리하는 콘텐츠가 주를 이루는 유튜브 속에서 정보 채널을 운영한다는 것은 분명 어려운 길이 맞습니다. 그중에서도 순수하게 식육 정보만을 다루는 채널은 미트러버가 유일합니다. 그렇기 때문에 그 무게감을 인지하고 좋은 정보를 옳은 해석으로 가장 쉽게 전달할 수 있도록 노력하고 있습니다. 저희의 노력을 알아주시고 응원해 주시는 모든 분들께 이 글을 통해 진심으로 감사하다는 인사를 전합니다.

아는 만큼 보인다는 말이 있죠. 이 책을 읽으시는 분들이, 또 미트러버 유튜브의 모든 구독자분들이 고기를 '잘', 그리고 '맛있게' 즐길 수 있게 되기를 바라 봅니다.

미트러버뉴스
황재석 사장

PART 01.

PART 02.

돼지

PART 03.

가금류 및 기타 고기

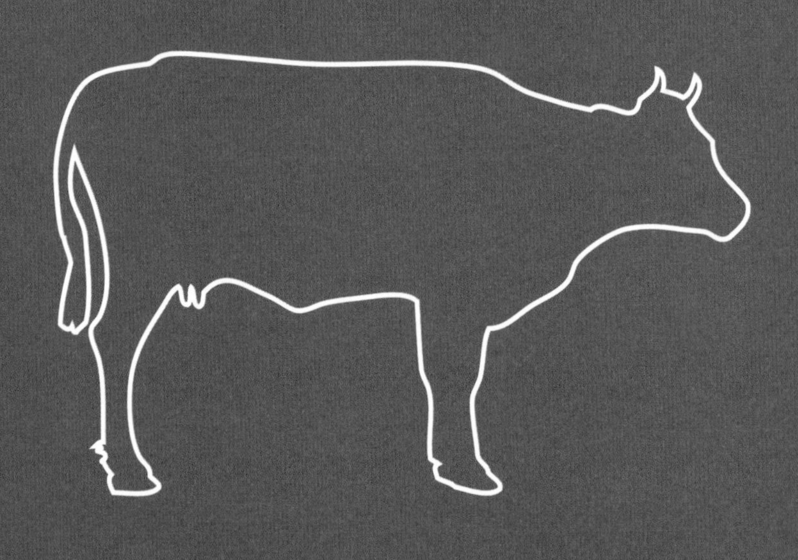

PART 01

법적 유통기한이 따로 없는 소고기, 당일 도축, 당일 판매 과연 진실은?

길을 걷다 보면 "당일 도축한 소", "소 잡는 날" 같은 문구를 자주 보셨을 겁니다. 그런데 실제로 우리가 당일 도축한 신선한 고기를 먹고 있는 게 맞을까요?

결론만 말하자면 축산법상 당일 도축과 당일 판매는 불가능합니다. 도축 당일에는 반드시 예냉을 거쳐 다음 날 등급 판정을 받아야 하거든요. 등급 판정을 받은 이후에야 유통이 가능하니까, 사실상 도축한 지 이틀 후부터 판매가 시작됩니다. 따라서 소고기 "당일 도축, 당일 판매"는 법적으로 불가능한 얘기죠.

그런데 일부 예외가 있습니다. 소의 앞다리, 우둔살 같은 특정 부위는 '사전 절취 부위'라고 해서 당일 도축 및 당일 판매가 가능합니다. 등급 판정 없이 바로 판매할 수 있는 부위로, 주로 육회나

육사시미 등 신선한 상태에서 하루 만에 소비되는 메뉴에 쓰입니다. 내장 부위나 부산물(곱창, 막창, 대창 등)도 등급 판정을 받지 않기 때문에 당일 판매가 가능합니다. 따라서 이 부위를 당일 도축 후 판매한다는 문구는 사실일 수 있습니다. 그러나 등심, 안심, 갈비와 같이 숙성을 필요로 하는 부위를 당일 도축으로 표기한다면 그건 진실이 아닐 확률이 높습니다.

'신선한 소고기'라는 주제가 나왔으니까 하나 덧붙이자면 소고기의 법적 유통기한은 따로 정해져 있지 않습니다. 국립축산과학원에서는 냉동 보관 시 최적 기간을 3개월로, 축산물품질평가원은 최대 6개월로 권장하고 있습니다. 가공업체는 2년까지 설정할 수 있죠. 그러니까 이 고기가 얼마나 신선한지 정확히 확인하려면 '축산물 이력제'를 통해 도축일과 가공일을 확인해 보는 것이 좋습니다.

고기 위에 찍힌 도장의 정체, 색깔만 보고 한우인지 알 수 있다고?

혹시 소고기나 돼지고기에서 지방 부분에 찍혀 있는 도장을 보신 적 있으신가요? 먹기 찝찝하다고 생각하시는 분들이 많은데 사실 우리가 먹는 케이크, 사탕, 젤리 등에 들어가는 일반적인 식용색소와 동일합니다.

국내 허용된 적색, 황색, 녹색, 청색의 식용색소가 고기에도 사용되며, 필요에 따라 적색과 청색을 섞어 다른 색을 만들어 쓰기도 하죠. 과자나 빵을 만들 때 보통 0.2g 정도의 식용색소가 사용되는데, 더 사용해도 인체에 무해하지만 이 정도만 사용해도 충분히 강한 색을 낼 수 있습니다. 고기 표면에 찍힌 식용색소는 이것보다도 적기 때문에 먹어도 괜찮습니다.

그런데 이 색소가 인체에 무해한 식용이라고 해서 천연 성분으로 만든 건 아닙니다. 식용색소는 석탄에서 얻은 타르로 만든 화학 합성물입니다. 옷이나 모직물을 염색할 때 쓰이기도 하고, 식용으로 쓰일 때는 아주 적은 양이 들어갑니다.

고기에 찍히는 식용색소 도장에는 아주 재미있는 점이 있는데요, 바로 도장 색깔로 고기에 대한 정보를 알 수 있다는 겁니다. 예를 들어 돼지고기에 보라색 도장이 찍혀 있다면 '위생 검사에 합격했다'는 표시이고, 빨간색 도장은 돼지고기의 등급을 나타냅니다. 또한 제주산 흑돼지에는 다른 돼지와 구분할 수 있도록 흑색 도장이 찍혀 있어요.

소고기의 경우에는 도장 색깔로 한우, 육우, 젖소를 구분할 수 있습니다. 적색 도장이 찍힌 고기는 한우입니다. 그래서 한우를 구분할 때 빨간색 도장을 보고 쉽게 확인할 수 있죠. 한편, 육우는 녹색 도장이 찍혀 있고, 젖소는 청색 도장이 사용됩니다. 젖소는 일반적으로 우리가 식용으로 접할 일이 많지 않지만, 만약 청색 도장을 본다면 젖소 고기를 먹는다고 생각할 수 있겠죠.

도장 하나에도 많은 정보가 담긴 고기 이야기. 알면 알수록 흥미롭지 않나요?

황소는 누렁소라는 뜻이 아니에요!

혹시 '황소'라는 말이 누런 소를 의미하는 것이라고 생각해 본 적이 있으신가요? '황' 자가 들어가니 당연히 누런 소, 그러니까 한우를 가리키는 말이라고 생각할 수 있죠.

그런데 사실 황소는 소의 색깔과는 전혀 관계없이 다 자란 수컷 소를 의미합니다. 한우건 검은 소건, 수컷 소라면 모두 황소라는 겁니다.

'황소'라는 말이 우리에게 친근한 것과는 별개로 생각보다 황소를 접하기는 어렵습니다. 도축되는 수소 중 95% 이상이 거세우죠. 이유는 간단합니다. 수소는 거세를 해야 수익성이 더 좋아지기 때문입니다. 소를 거세하면 테스토스테론의 분비가 줄어들어 고기에 마블링이 더 잘 생기거든요. 그렇다 보니, 황소는 주로

낮은 등급을 받게 되어 가격도 내려가는 편입니다. 수소가 무조건 싸서가 아니라, 고급 등급을 받지 못해 가격이 낮은 셈이죠.

하지만 황소도 장점이 있습니다. 일단 성장 속도가 빠르다는 것인데요, 소의 무게가 700kg 정도가 되려면 일반적인 소는 30개월 이상 키워야 하지만, 황소는 18개월 정도면 그 정도로 자랍니다. 그래서 황소가 주식 시장이나 경제에서는 부흥을 의미하기도 합니다.

황소 고기의 맛도 독특한데요, 특히 황소 곱창이 인기가 좋습니다. 곱창 마니아 사이에서는 이게 더 쫄깃하고 고소하다고 해서 찾는 분들이 많은데, 백종원 님도 방송에서 황소 곱창의 매력을 언급한 적이 있죠. 곱창집에서는 황소 1등급 이상의 곱창을 사용하는데, 이렇게 고품질의 황소 곱창을 찾기란 쉬운 일이 아닙니다. 애초에 키우는 마릿수도 적은 데다가 마블링이 잘 생기지 않아 등급도 낮게 나오니까요. 그러니 진짜 1등급 황소곱창을 맛보려면 발품을 좀 팔아야 할 수도 있습니다.

황소는 누런 소나 한우를 지칭하는 말이 아니라는 점, 황소를 실생활에서 보긴 생각보다 어렵다는 점. 이 두 가지 꼭 기억하세요.

흑우, 칡소, 백우도 같은 한우라고요?

조선시대 황희 정승이 지나가는 농부에게 "누렁소가 일을 잘하나, 검은 소가 일을 잘하나?"라는 질문을 던졌다는 이야기가 있습니다. 이 일화에서 알 수 있듯이 당시에는 누렁소 외에도 검은 소 같은 다양한 색상의 소들이 흔했습니다. 우리가 현재 '얼룩소'라고 부르는 칡소나 푸른빛을 띤 청우, 그리고 백우도 모두 조선시대에 존재했던 소들인데요, 색깔은 다르지만 모두 같은 한우로 분류되는 종입니다.

하지만 현재는 주로 누렁소만이 한우로 남아 있습니다. 일제강점기인 1938년에 일본이 조선 소는 적색(누렁소), 일본 소는 흑색으로 표준화하도록 규정했고, 이후 누렁소만이 우량종으로 선호

되기 시작했습니다. 그렇게 다양한 색을 가진 한우가 자취를 감추기 시작했죠. 누렁소에 비해 다른 종의 소들은 덩치가 작고, 마블링이 적어 경제성이 낮았습니다. 결국, 같은 시간을 길러도 누렁소에 비해 성장이 느리기 때문에 많은 농가에서 누렁소를 키우는 것으로 선택이 굳어진 것이죠.

그렇다면 흑우, 칡소, 백우와 같은 한우의 다른 종들은 어떻게 되었을까요? 먼저 칡소는 온몸에 칡덩굴 같은 무늬가 있어 이런 이름이 붙었습니다. 호랑이 같은 무늬가 이색적인 칡소는 '호반우'라고도 불립니다. 칡소의 무늬는 열성 유전자로 인해 희귀한 편이지만, 현재는 인터넷으로도 판매되고 있어 희소종임에도 점점 접근이 쉬워지고 있습니다. 울릉도의 특산물로 지정되어 키워지는 칡소는 다른 종에 비해 덩치가 크고 온순한 성격입니다. 농가에서 사육이 조금씩 늘고 있지만, 여전히 누렁소와의 경쟁에서는 한참 밀립니다.

흑우는 내륙의 흑우와 제주 흑우로 나눌 수 있습니다. 제주 흑우는 예로부터 임금님께 진상할 정도로 귀하게 여겨졌으며, 흑우가 진상될 때 덩치가 작은 개체가 올라가면 현지 관리가 혼나기도 했습니다. 제주 흑우는 검은색 털을 가졌고, 성질이 까다롭지만 추위에 강하며 힘이 좋은 특징이 있습니다. 다른 소에 비해 불포화지방산 함량이 높으며 고기가 단단한 편이고, 지방이 적어 다소 고소한 맛이 덜할 수 있습니다.

마지막으로, 희귀한 한우 중에서도 가장 눈에 띄는 백우는 2009년부터 농촌진흥청에서 복원을 시작해 왔습니다. 백우는 알비노 변이로 흰색을 띠며, 프랑스의 샤롤레 품종과는 달리 한우의 유전적 다양성을 위해 길러지고 있는 소입니다. 한우의 전통을 이어 가려는 노력의 일환으로 볼 수 있죠.

우리에게 익숙한 누렁소 한우 외에도 이렇게 다양한 한우의 색상과 종류가 길러지고 있습니다. 익숙한 맛에 길들여진 소비자들이 많지만, 특별한 기회가 생긴다면 칡소, 흑우, 백우와 같은 희귀한 한우를 맛보며 그 차이를 느껴 보는 것도 좋겠네요.

이력번호가 있어도 내가 산 소를 알 수 없다고?

마트에서 소고기나 돼지고기를 구매할 때, 12자리의 이력번호를 보신 적이 있을 겁니다. 이 이력번호는 소의 주민등록증과도 같은 존재로, 고기가 어디서 자라 언제 도축되었는지 확인할 수 있어 소비자들에게 신뢰를 주기 위한 제도입니다. 그런데 12자리 이력번호가 아닌 15자리의 묶음번호를 만나게 되면 당황할 수 있는데요, 묶음번호란 건 뭘까요?

개별 정육점이 아닌 대형마트나 백화점에서 고기를 사는 경우, 12자리 번호 대신 L로 시작되는 15자리 번호가 붙어 있는 경우가 많습니다. 이 번호는 묶음번호라고 부르는데, 한 마리의 고기 정보가 아닌, 여러 마리의 소가 포함된 정보로 묶여 있습니다. 이렇게 여러 마리의 소를 묶어서 관리하는 이유는 작업의 효율성을 위해서인데요, 마트나 백화점 같은 대형 유통 채널은 하루에도 수많은 소고기를 받아서 가공하기 때문에, 각각의 소에 별도로 번호를 적어 관리하기가 쉽지 않습니다. 그래서 같은 등급의 같은 부위라면 한데 묶어 대표 번호 하나만 남기는 것이죠. 한우는 한우끼리, 육우는 육우끼리 묶는 방식으로 진행됩니다.

묶음번호 해석법을 간단히 설명드리자면, 처음의 L은 'Lot'의 약자로 묶음을 뜻하며, 뒤에 0이 오면 소고기, 1이 오면 돼지고기임을 나타냅니다. 이후 여섯 자리는 작업 날짜를 나타내고, 그다음 네 자리는 영업자 코드, 마지막 세 자리는 작업 순서를 의미합니다. 묶음번호를 통해 소비자는 대략적인 작업 날짜와 고기의 신선도를 파악할 수 있지만, 구매한 소가 정확히 어떤 소인지는 알기 어렵습니다. 특히, 명절 선물 세트처럼 고가의 한우일수록 이 부분이 불편하게 다가올 수 있죠.

묶음번호는 본래 소의 정확한 이력을 추적하기 어려운 대량 작업 상황에서 고기를 관리하기 위해서 만든 제도입니다. 다수의 소에 대한 정보가 묶여서 나오게 되죠. 고기의 출처가 확실하게 보장된다고 생각했지만 정작 암소와 거세우가 섞여 있을 수 있고, 도체 중량이나 출처가 다른 소들이 함께 묶여 제공될 수 있습니다.

고품질을 선호하는 요즘, 한우의 경산 여부, 출처, 등급까지 따지는 소비자들이 많은데 묶음번호의 모호함은 아무래도 한계로 작용할 수 있습니다.

곰탕 vs 설렁탕, 당신이 몰랐던 설렁탕의 일곱 가지 특징!

설렁탕과 곰탕, 둘 중 뭐가 더 입맛에 맞는지 생각해 보신 적 있나요? 한겨울에 딱 어울리는 설렁탕, 그 속에 숨겨진 흥미로운 이야기가 꽤 많습니다. 미트러버가 알려드리는 설렁탕의 일곱 가지 매력을 한번 들어 보실래요?

첫 번째로, 설렁탕은 서울의 토속 음식입니다. 지방에서 유래된 음식이 아니라, 근현대 서울에서 남쪽으로 퍼져 나간 음식이죠. 설렁탕의 시작은 조선시대의 '선농단'에서 왕이 백성과 나눠 먹던 소를 고아 낸 음식에서 비롯되었다는 기록이 있는데요, 이 선농단은 서울 동대문구 제기동에 위치해 있습니다.

두 번째, 설렁탕은 배달 음식의 원조 중 하나입니다. 1930년대에 종로와 청계천 일대에만 약 100곳의 설렁탕 집이 있었고, 당

시엔 양반들이 직접 식당에 가기보다 배달을 선호했다고 합니다. 오늘날 피자나 짜장면처럼 배달 음식의 효시였던 셈이죠.

세 번째, 설렁탕은 곰탕의 하위 개념입니다. '곰탕'은 고기를 푹 고아서 만드는 탕의 총칭이며, 설렁탕도 그 일종입니다. 다만, 설렁탕은 서울식 곰탕으로, 지역적 특징이 더해진 이름이라고 보시면 됩니다.

네 번째, 설렁탕에는 소 한 마리가 다 들어 있습니다. 소의 뼈와 내장, 머리, 도가니 등 다양한 부위가 들어가 국물이 뽀얗고 진한 것이 특징이죠. 반면, 곰탕은 주로 고기로 맑은 국물을 내며 차돌박이, 양, 곱창 등을 올려 더 고급스럽게 즐기기도 합니다.

다섯 번째, 설렁탕과 깍두기는 태생부터 함께해 온 궁합입니다. 일제강점기에 대중화된 설렁탕은 저렴한 깍두기나 석박지와 주로 함께 제공되었고, 이 궁합이 오늘날까지 이어진 것이죠.

여섯 번째, 원래 설렁탕에 소면은 없었습니다. 1970년대 정부의 '혼분식 장려 정책'으로 소면이 추가되었는데, 쌀 대신 분식을 장려하던 이 시기에 소면을 곁들인 설렁탕이 대중화되었습니다.

일곱 번째, 수육을 팔지 않는 설렁탕집은 직접 끓이지 않는 곳일 수도 있습니다. 직접 끓이는 집에서는 고명 외에도 여분의 고기가 남아 수육으로 판매하는 경우가 많기 때문인데요, 수육을 팔지 않는 설렁탕집은 직접 끓이지 않을 가능성이 크니 참고해 보세요.

왜 호주에 일본 소인 와규가 있을까? 좋은 와규의 두 가지 조건!

호주산 와규, 미국산 와규 많이 보셨죠? 그런데 문득 이런 의문이 들진 않나요? '왜 일본 소인 와규가 호주나 미국에서도 나올까?' 이번엔 실생활에서 유용하게 알 수 있는 와규의 정체와 함께 가성비 좋은 와규 선택 팁까지 알려드리겠습니다.

와규는 일본 소 자체를 뜻합니다. 영어로는 "Wagyu", 일본어 한자로는 "화우(和牛)"로 표기되죠. 한국에 '한우'가 있듯이 일본은 '화우'라는 이름으로 자국 소를 의미합니다. 이렇듯 와규는 일본에서 기른 소 전반을 뜻하며, '화' 자가 붙는 음식이 일본 자국 음식을 의미하는 것처럼 와규는 일본 소라는 의미 이상도 이하도 아닙니다.

그렇다면, 왜 호주산 와규가 있는 걸까요?

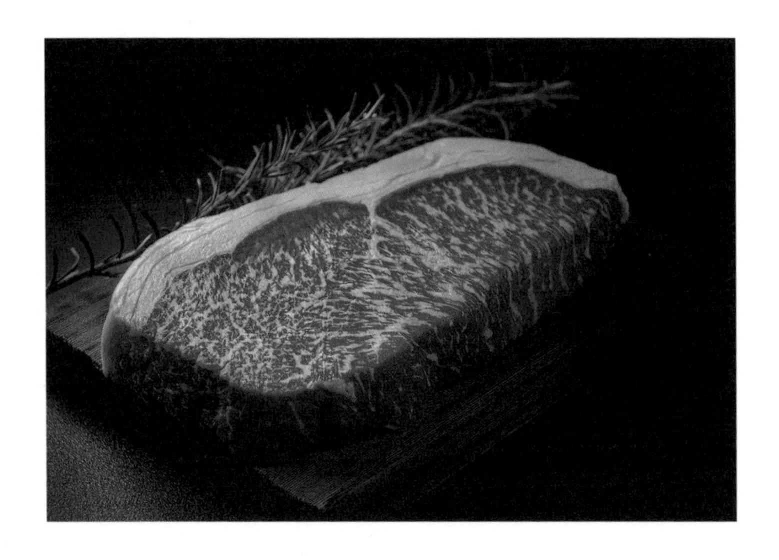

1976년, 미국 대학 연구용으로 일본에서 네 마리의 와규가 반출된 이후, 1990년대까지 와규는 호주와 미국에서 점차 번식하면서 품종이 안정화되었습니다. 그 당시에는 축산물의 지적재산권 개념이 희미해, 일본은 소중한 토종 소를 외국에 넘겨주는 결과가 되었고, 현재 우리가 즐길 수 있는 호주산, 미국산 와규로 자리 잡게 된 겁니다.

와규에 관해 재미있는 사실 하나는, 영어권에서는 주로 와규를 '코비 비프'라고 부르는데 이게 틀린 표현이라는 겁니다. 프랑스에서 샴페인이 샹파뉴 지역의 것만 샴페인이라 불리듯, 일본에서는 고베에서 나온 소고기만 '고베규'라 부르거든요. 하지만 해외에선 고베규와 일반 와규를 구분 없이 '코비 비프(Kobe Beef)'라 부르고 있습니다. 이미 정착되어 버린 표현이라 정정하기는 늦은 것 같네요.

이제 실질적으로 좋은 와규를 고르는 두 가지 '꿀팁'을 소개하겠습니다.

첫 번째로, 와규의 마블링 정도를 나타내는 'MB등급'을 보면 좋습니다. 호주산 와규의 경우 MB(Marbling Score)라는 마블링 지표가 있으며, MB8~9 등급은 한국 한우의 1++급에 해당한다고 보면 됩니다. 고기의 기름기가 잘 퍼져 있는 와규 특유의 부드러움과 풍미를 제대로 즐기고 싶다면, 최소 MB8 이상의 와규를 선택해 보세요.

두 번째는 순혈 지수, 즉 와규의 유전자 비율입니다. 호주산이나 미국산 와규는 대부분 일본 와규와 블랙앵거스 혼혈로, 순혈 지수에 따라 F1, F2, F3, F4로 등급이 나뉩니다. F4는 93% 이상의 순종 와규로, 이른바 '풀 블러드'에 가깝다고 보시면 됩니다. 고베규와 비슷한 고품질 와규를 원한다면 F4 등급의 와규를 찾는 것이 좋습니다.

일본 와규는
왜 수입이 안 되는 걸까?

일본산 와규는 왜 한국에서 볼 수 없을까요? 사실 2001년 이전까지만 해도 한국도 일본산 와규를 수입한 적이 있었습니다. 물론 주요 수입 부위는 부산물이었지만, 당시에는 와규를 직접 구입할 수 있었죠. 한동안 와규를 수입하자는 의견이 나오기도 했지만, 당분간 우리가 한국에서 일본산 와규를 먹기는 힘들 것 같습니다.

우선, 일본산 와규의 수입 금지에는 광우병 발생이 큰 영향을 미쳤습니다. 2001년 일본에서 광우병이 발생한 이후 중국을 비롯한 여러 국가가 일본산 소고기 수입을 금지했는데, 이후 많은 국가들이 다시 수입을 허용했지만 한국은 여전히 제한하고 있습니다. 그사이 와규는 홍콩, 마카오, 미국 등 여러 국가로 수출되며 프리미엄 브랜드로 자리 잡았습니다. 2020년 중국도 일본산 와규 수입을 재개했지만, 한국은 아직 풀지 않은 상태입니다.

와규의 수출 가능성을 제한하는 또 다른 이유는 일본 자체의 수요 때문입니다. 한국에 비해 소 사육 두수가 적은 일본은 자국 수요를 맞추기 위해 미국과 호주산 소고기를 수입해 소비하고 있습니다. 또한 일본 경제 상황도 와규 수출에 영향을 미칩니다. 최근 엔저 현상으로 인해 일본 내 와규 가격이 상대적으로 낮아졌기 때문에 굳이 한국 시장을 개척하려는 의욕도 적습니다.

그렇다고 한국이 먼저 일본산 와규 수입을 추진할 필요성도 크지 않아 보입니다. 한우가 이미 프리미엄으로 자리 잡은 상황에서 굳이 일본산 와규를 수입해 시장을 분할할 이유가 없기 때문이죠. 일본산 와규의 지육 가격은 1kg당 약 18,000원으로 한우 1kg의 지육 가격인 약 20,000원과 크게 차이가 나지 않아, 양국의 프리미엄 소고기가 동일 시장에서 경쟁하는 셈이 됩니다.

결론적으로는 서로 수요와 공급의 필요성이 없는 상태입니다. 프리미엄 이미지가 높아진 호주산 와규도 한국에서 인기를 끌며 와규에 대한 수요를 충족시키고 있는 만큼, 일본산 와규가 당분간 한국에 들어올 가능성은 낮다고 볼 수 있습니다.

엘본, 티본, 포터하우스, 알고 보면 같은 부위라고?

스테이크 메뉴에서 자주 보이는 엘본, 티본, 포터하우스. 이름만 들어도 왠지 모르게 고급스럽고 특별해 보이지만, 알고 보면 이 세 가지 스테이크가 모두 같은 부위에서 나온다는 사실을 알고 계셨나요? 세 스테이크 모두 채끝 등심과 안심이 만나는 소의 요추 뼈를 세로로 썰어 낸 것이며 차이는 안심이 얼마나 붙어있는지에 따라 달라집니다.

안심은 앞쪽은 좁고 소 엉덩이 쪽으로 갈수록 두툼해집니다. 그래서 앞쪽을 썰어 낸 엘본은 안심이 거의 없이 채끝이 대부분이에요. 안심이 조금 더 붙어 있는 티본은 등심과 안심의 균형을 즐길 수 있는 부위로, 안심 지름이 1.3cm 정도일 때 티본이라 부릅

니다. 그리고 포터하우스는 안심이 가장 큰 부분을 썰어 낸 것으로, 안심 지름이 약 3.2cm 이상일 때 포터하우스라 합니다. 이처럼 채끝 등심에 더해 두툼한 안심의 풍부한 고소함을 만끽하고 싶다면 포터하우스를 선택하는 것이 좋습니다.

포터하우스라는 이름은 뉴욕 맨해튼의 한 술집에서 유래된 것이라고 하는데, 그곳에서 이 고기를 처음 선보이면서부터 널리 알려졌습니다. 오늘날 포터하우스는 '울프강 스테이크 하우스', '피터루거' 등 유명 스테이크 전문점의 대표 메뉴이기도 합니다.

티본 스테이크는 미국식 정육 기법에 영향을 받아 소 도체를 수직으로 잘라 T자 모양의 뼈를 중심으로 등심과 안심을 함께 남겨 놓고 자른 것입니다. '엘본은 뼈가 L자이고 티본은 T자다'라는 이야기가 있는데 요추와 척추를 똑같이 썰어 냈기 때문에 뼈 모양은 모두 같습니다. 우리나라는 미국과 달리 소를 왼쪽 도체와 오른쪽 도체로 가르는 정육 방식을 사용하기 때문에 한우를 티본 스테이크와 같은 형태로 접하기 어렵습니다.

언젠가 해외 스테이크 전문점에 가서 셋 중에 골라야 하는 순간이 온다면, 안심을 얼마나 좋아하는지에 따라 선택하시면 됩니다. 그럼 입맛에 맞는 스테이크를 더욱 만족스럽게 즐기실 수 있을 겁니다.

왜 풀만 먹고 자란 소가 곡물을 먹인 소보다 더 비쌀까?

소는 본래 초식동물이라 풀을 먹고 자랍니다. 자연에서라면 소가 풀을 뜯으며 자라는 것이 당연하지만 사람들이 관리하는 사육 환경이 되면서부터 콩이나 옥수수 같은 곡물 사료를 먹게 되었습니다. 그런데 최근 다시 풀만 먹고 자란 소, 즉 목초우에 대한 관심이 높아지고 있습니다. 흔히 그래스패드(Grass-fed)라 불리는 이 소의 특징과 최근 주목받는 이유를 간단히 알아보겠습니다.

현대의 많은 소는 주로 곡물 사료로 사육되는데, 소에게 곡물을 먹이는 이유는 여러 가지가 있습니다. 가장 큰 이유는 토지 문제입니다. 풀이 자라는 넓은 초지를 확보하기 어려운 환경에서는 곡물로 사료를 공급하는 편이 효율적입니다. 대표적으로 면적이 작은 우리나라에서 자라는 한우가 있겠네요.

반면 토지가 넓은 호주, 뉴질랜드, 미국 등에서는 여전히 풀을 먹이고 기르는 목초우 시장이 크게 형성돼 있습니다. 목초우는 곡물 사료를 먹고 자란 소에 비해 지방이 적고 오메가3가 풍부해 비교적 건강한 소고기라고 알려져 있는데요, 그런 이유로 한국 유통 초기에는 아이들 이유식이나 환자용 건강식 재료로 각광받았습니다.

실제로 목초우는 곡물 사료로 키운 소에 비해 오메가3 와 오메가6의 비율이 자연 비율에 더 가깝습니다. 옥수수나 콩을 주식으로 먹은 소는 오메가6의 함량이 과도하게 올라가지만, 목초우는 이와 반대로 오메가3 와 오메가6 비율이 3:1에 가깝죠. 이런 이유로 건강을 위해 목초우를 선호하는 소비자들이 늘고 있는 추세입니다. 이처럼 목초우는 건강에 좋은 선택일 수 있습니다.

그런데 곡물 사료를 먹고 자란 소보다 목초우의 가격이 더 비싼 이유는 뭘까요? 바로 넓은 초지가 필요하고, 자연 방목에 따른 사육 기간이 길어 인건비가 많이 들기 때문입니다. 또 우리가 평소에 먹던 곡물 사육 소와 맛이 다르기 때문에 대중화가 어려워 대량 수입이 아직 어렵다는 이유도 있겠네요.

목초우는 비교적 마블링이 적어 고소한 맛이 덜할 수 있지만, 수입 업체들도 소비자의 기호를 맞추기 위해 품질과 맛을 고루 갖춘 제품을 유통하려 노력하고 있습니다. 실제로 목초우 중에서도 구이용으로 갈비, 채끝, 부채살 같은 다양한 부위를 찾을 수 있고, 목초우만의 진한 맛에 매력을 느끼는 소비자들도 있습니다.

한우 송아지고기는 왜 안 파는 걸까?

한국 느와르 명작 '신세계'에서 한 캐릭터가 한우송아지스테이크를 먹는 장면이 나옵니다. 그 장면에서 "여기 송아지고기 아주 연하고 좋아. 게다가 이거 한우야, 한우."라는 대사가 나오는데요, 이 대목에서 "한우 송아지고기는 왜 실제로는 안 팔릴까?" 하는 궁금증이 생기더군요.

사실 송아지를 도축하는 것이 불법은 아닙니다. 그러나 국내에서 한우 송아지고기는 거의 볼 수 없습니다. 제도상으로 도축 가능한 최소 개월 수가 정해진 것은 아니지만, 한우 송아지를 도축해 고기로 활용하는 건 경제성 면에서 효율이 떨어지기 때문입니다.

우선 한우 송아지고기는 한국인의 입맛에 맞지 않습니다. 송아지는 아직 성장 단계에 있기 때문에 근내지방이 충분히 형성되지 않아 마블링이 부족하고, 소고기의 육향이 강하지 않거든요. 한마디로 소비자들이 한우에서 기대하는 맛이 나지 않는 겁니다. 또 체격 자체가 작아 고기로 취급할 수 있는 부위도 적기 때문에 도축하고 유통하는 비용을 더하면 농가의 이익이 크게 줄어듭니다.

또 만약 부드러운 식감이 필요한 요리라면 양고기가 이미 대체재로 충분한 역할을 하고 있습니다. 어린 양고기는 특유의 향이 강하지 않으면서도 부드럽고, 한 살 미만의 어린 양으로 도축하는 경우가 많아 송아지고기처럼 연한 맛을 느낄 수 있습니다. 또 일부 소비자들은 아직 어린 송아지를 먹는 것에 대해 정서적인 부담감을 느끼기도 하죠.

해외에서는 송아지고기를 'Veal(빌)'이라고 부르며 일부 고급 레스토랑 메뉴로 자리 잡고 있습니다. 국내에서도 유아식이나 건강식 재료로 찾는 일부 소비자가 있으며, 특히 부드러운 맛을 선호하는 사람들에게 종종 선택되고 있으나 국내에서는 거의 수입산에 의존합니다.

한때 한국에서도 한우 송아지고기의 시장 가능성을 검토한 적이 있습니다. 과거 한우 송아지의 가격이 폭락하던 시기에 육우 송아지고기의 소비 진작을 위해 한우 송아지를 활용해 보자는 시도가 있었습니다. 결과적으로 소비자 입맛에 맞지 않아 크게 성공하지 못했습니다. 성체까지 키우면 프리미엄 상품으로 팔 수 있는 한우를 굳이 송아지일 때 도축할 필요가 없는 거죠.

이런 이유들로 한우 송아지고기는 보기 드뭅니다. 다만 육우 송아지고기는 온라인으로도 쉽게 구할 수 있으니 송아지고기의 연한 맛이 궁금하신 분들은 시도해 보실 수 있습니다.

왜 꽃갈비, 꽃갈비 하는 걸까?

여러분은 소의 갈비뼈가 몇 개인지 아시나요? 소의 갈비는 좌우로 13쌍, 총 26개로, 사람이 가진 12쌍보다 하나 더 많습니다. 돼지의 갈비뼈는 품종에 따라 차이가 있어 13개에서 17개까지 다양하고요. 이번엔 소갈비 이야기를 해 보겠습니다.

소의 갈비뼈는 우리가 먹기 위해 존재하는 것이 아니죠. 갈비뼈는 소의 심장과 주요 내장을 보호하는 중요한 역할을 하는데요, 심장과 가까운 중간 부분의 갈비는 길고, 양쪽 끝으로 갈수록 점점 짧아지는 구조를 가지고 있습니다. 갈비를 분류할 때는 각 번호가 붙는데요, 한국에서는 1번부터 5번까지를 본갈비, 6번부터 8번까지를 꽃갈비, 그리고 9번부터 13번까지를 참갈비라고 부르죠.

6, 7, 8번 갈비는 크기도 크고 살이 풍부하게 붙어 있어 '꽃갈비'라는 이름을 얻었습니다. 좋은 갈빗집에서는 보통 이 6, 7, 8번 갈비를 꽃갈비로 내놓거나, 5번까지 포함해 제공하는 경우도 많습니다. 펼쳤을 때 살이 풍성하게 붙어 있고 마블링이 좋기 때문에 예쁜 모양이 나오는 부위죠. 부드럽고 육즙도 많아서 호불호가 없는 맛입니다.

그럼 꽃갈비가 아닌 다른 갈비들은 어떨까요? 본갈비는 살도 적고 마블링도 많지 않아서 주로 찜용으로 사용됩니다. 참갈비는 살이 질긴 편이라 주로 푹 끓여서 갈비탕용으로 쓰이고요. 이처럼 소갈비는 위치에 따라 크기와 살코기 질이 다릅니다.

꽃갈비는 구이용으로 수요가 많다 보니 갈빗대가 일찍 소진되기도 쉽습니다. 그래서 일부 갈빗집에서는 살치살 등 다른 고기를 갈비에 붙여 양을 보충하기도 합니다. 식용 접착제(푸드바인더)를 사용하는 경우가 있는데, 합법적이긴 하지만 갈비와 다른 부위를 접착하는 방식이어서 붙이는 고기 부위에 따라 퀄리티가 달라질 수 있습니다. 예를 들어 살치살을 붙이면 갈비와의 조화가 좋은데, 전혀 다른 부위를 붙이면 맛과 질감이 달라질 수 있습니다.

국뽕 빼고 들어 보는 한우 이야기

한우는 '우리나라의 소', '한국에서는 가장 고급육으로 통하는 고기' 정도로 우리에게 알려져 있습니다. 이번엔 한우에 대해 조금 더 깊은 이야기를 들려드릴까 합니다.

한우는 약 4,000년 전 한반도에 정착해 현재까지 이어져 온 소입니다. 유라시아 대륙의 서쪽에 유명한 이베리코 흑돼지가 있듯, 한우는 동쪽에 고립된 한반도에서 독자적으로 개량되어 지금의 모습에 이르렀죠. 정확히 한우가 어디서 기원했는지는 여러 설이 있습니다. 시베리아 쪽에서 내려왔다는 설, 남쪽에서 왔다는 설 등이 있지만, 어느 것이 진실인지는 단정하기 어렵습니다.

가끔 일본 소, 즉 와규가 한우에서 유래했다는 이야기가 있습니다. 일제강점기 때 한우가 일본으로 넘어갔고, 그 소가 와규의 기원이 되었다는 주장이죠. 하지만 실제로는 조선시대 때 일본에 넘어간 소가 후에 일본의 소와 교잡된 것입니다. 현재 와규는 일본의 메이지유신 시절에 덩치를 키우기 위해 서양 소와 교배해 개량된 품종입니다. 한국에서 유래한 소의 유전적 흔적이 있겠지만, 단순히 "와규는 한우"라고 말하기는 어렵습니다. 오히려 서양 육우의 영향을 크게 받아 개량된 소라고 보는 편이 맞습니다.

그렇다면 우리 조상들은 소고기를 즐겼을까요? 조선시대 문헌들에 의하면 소고기는 특권층의 전유물이었습니다. 소는 사농공상(士農工商)의 조선 사회에서 농업에 활용되는 귀한 자원이었기에 농민들은 소고기를 쉽게 접할 수 없었습니다. 그러나 고려 말 몽골의 침략으로 도축 기술과 육식 문화가 들어왔고, 조선으로 왕조가 교체되며 육식을 멀리하던 불교 기반 사회가 제사를 중시하는 유교 사회로 변모하게 되었습니다. 몽골과 달리 조선에서는 양고기보다 소고기를 쉽게 구할 수 있었고, 한 해에도 제사를 여러 번 지내야 했던 양반 계층들은 자연스레 그 맛에 빠져 소고기를 즐기게 되었습니다. 이후 조선왕조 500년 동안 양반들은 소고기 미식 문화를 꾸준히 이어 갔습니다.

일각에선 우리 민족이 가난했기 때문에 고기 부위를 아무렇게나 먹었다는 이야기도 있는데요, 그 말에는 동의하기 어렵습니다. 당시에는 부위별 손질이 어려웠을 텐데도 불구하고, 우리 조상들은 내장과 같은 부산물을 손질해 먹을 줄 알았습니다. 소고기의 다양한 부위와 내장까지 즐기는 문화는 단순히 가난해서가 아니라, 고기 맛을 잘 이해하고 있던 선조들의 미식 문화라고 볼 수 있습니다.

현대 한우에 있어서 마블링, 즉 지방이 고르게 분포된 특성은 조선시대 소에서도 어느 정도 존재해 왔습니다. 한반도는 콩의 원산지로, 소들이 자연스럽게 콩을 먹으면서 영양 섭취가 좋아져 마블링이 형성되었죠. 콩밭에서 자란 소들은 충분히 양질의 마블링을 가질 수 있었습니다. 1993년부터 본격화된 고마블링 정책은 서양식 스테이크 문화와 결합되며 고기의 맛을 더욱 높였습니다.

사실, 한국의 소고기 문화는 본래 구이보다는 다양한 방식으로 조리된 음식이 많았습니다. 지금은 등심과 같은 부위가 인기지만, 과거에는 고기를 삶거나 양념해 요리하는 문화가 더 주를 이루었죠. 미국식 스테이크 문화가 한국에 들어오며 구이 문화가 자리 잡았고, 이것이 빠르게 조리해 먹을 수 있는 패스트푸드화된 문화로 자리 잡았습니다. 그러나 다양한 조리법을 통해 모든 부위를 맛있게 즐길 수 있는 전통적인 한국의 방식 역시 충분히 가치가 높습니다.

한우는 단순히 '좋은 고기'라는 가치를 넘어 우리나라의 역사, 문화와 깊이 얽혀 있는 참 고마운 동물입니다.

수출량은 0.018%뿐, 세계 속의 한우는 어떤 고기일까?

이번에는 우리가 맛있게 먹는 한우가 세계에서 어떤 고기로 인식되고 있는지, 수출 시장에서는 어떤 입지를 가졌는지 등을 객관적으로 살펴볼까요?

첫 번째로, 앞서 소개했듯 한우는 단순히 노란색 털의 소를 의미하는 것이 아닙니다. 유엔식량농업기구에 등재된 한우 품종에는 우리가 아는 황우뿐만 아니라 흑소, 제주 흑소, 칡소, 백우까지 총 다섯 종류가 포함되어 있습니다.

두 번째, 한국인들이 한우를 얼마나 사랑하는지 수치를 통해 살펴보면, 한우는 전량의 99.999%가 국내에서 소비됩니다. 2023년에 도축된 한우는 약 95만 2천 마리로, 이를 통해 40만 톤가량의 고기가 생산되었는데, 이 중 50톤 정도만 수출되었습니다. 이

는 생산량의 0.01%에 불과하죠. 현재 한우는 홍콩, 마카오, 캄보디아, 말레이시아로만 수출할 수 있습니다. 필리핀이나 싱가포르로의 수출도 추진 중이지만, 여전히 한우의 해외시장 진입은 제한적입니다. 실제로 수출된 물량 대부분은 소매가격이 높은 홍콩으로 집중되고 있습니다.

세 번째로, 한우의 가격이 세계적으로도 높은 편에 속한다는 점입니다. 전 세계 소고기 가격 순위에서 한국은 스위스와 홍콩에 이어 3위를 차지하고 있습니다. 흔히 와규가 세계에서 가장 비싸다는 이미지가 있지만, 와규와 한우의 평균 가격을 비교해 보면 크게 차이 나지 않습니다. 일본의 와규는 A5 등급의 경우 kg당 약 25,000원 정도지만, 한우 1++ 등급은 약 20,000원으로 비슷한 가격대를 형성하고 있죠. 그만큼 한우도 고급 소고기로 세계적 인식이 형성되어 있습니다.

네 번째, 유전자적 측면에서 한우와 가장 유사한 소가 와규라는 이야기가 종종 나오지만, 실제로 한우와 유전자적 유사성이 가장 높은 소는 중국 연변의 '조선소'로 불리는 황우입니다. 한우의 유전자와 약 87%가 일치하는 것으로 알려졌습니다. 이는 과거에 조선인들이 연변으로 이주할 때 한우를 데려가 사육한 것이 유래가 되어 현재까지 이어져 온 것입니다. 그간 와규와의 유사성이 주목받아 왔지만, 한우의 유전자적 라이벌은 연변 황우라고 볼 수 있습니다.

다섯 번째로 한우의 품질 평가 기준은 마블링(근내지방)입니다. 한국에서는 1+, 1++로 등급을 매기는 데 마블링이 중요한 역할을 합니다. 외국에서도 마블링은 중요한 품질 기준이며, 미국이나 호주 등에서도 마블링을 기반으로 등급을 나누는 경우가 많습니다. 다만, 다른 국가의 경우 마블링을 기준으로 한 등급제는 내수보다 수출용 경쟁력 강화의 일환으로 도입된 경우가 많습니다.

마지막으로, 한우의 생산량은 비교적 높은 편입니다. 2023년 한국의 한우 사육 두수는 358만 마리로, 인구가 두 배인 일본의 와규 사육 두수인 177만 마리보다 훨씬 많습니다. 이는 한국의 한우 사랑을 잘 보여 주는 지표입니다. 그러나 앞으로 미국, 호주, 캐나다, 뉴질랜드 등 소고기 수입국들과의 무관세 경쟁이 심화될 예정이라, 한우가 계속해서 높은 시장 점유율을 유지할 수 있을지는 좀 더 두고 봐야 할 문제입니다.

진짜 LA갈비는 뼈가 세 개, 그것만 기억하시면 됩니다!

달달한 양념에 뼈가 쏙쏙 빠지는 LA갈비, 한국에서 싫어하는 사람 드물죠? 그런데 오리지널 LA갈비는 뼈가 3개라는 사실 알고 계신가요?

다른 갈비 요리들은 똑같은 '소갈비'라고 해도 어떤 부위를 쓰는지가 정해져 있지 않아서 먹다 보면 조금씩 차이가 있습니다. 그런데 LA갈비는 다릅니다. 생선은 '참' 자가 들어가는 게 가장 맛있다지만 고기는 '꽃' 자가 들어가는 게 가장 맛있죠? 꽃갈비는 소의 13대 갈비 중에서 6, 7, 8번인데, LA갈비가 바로 딱 꽃갈비 부위입니다.

앞 글에서도 살펴봤지만 꽃갈비 부위는 고기 자체의 품질도 좋

고 육즙이 풍부해 갈비 중 가장 맛있죠. 오리지널 LA갈비는 이 꽃갈비로 만들어 왔기 때문에 지금껏 이토록 사랑받으며 롱런하는 메뉴가 되었습니다.

그래서 LA갈비를 구매했는데 뼈가 3개가 아닌 4개라면 그건 1~4번 본갈비를 활용한 LA갈비입니다. 물론 가격이 더 저렴하고, 본갈비인 걸 알고 구매했다면 문제가 되지 않지만 일반적인 맛의 LA갈비를 기대하고 구매했다면 맛을 봤을 때 크게 실망할 수 있습니다. 본갈비는 마블링도, 육질도 꽃갈비와는 다르니까요.

뼈 개수 외에도 내가 먹는 LA갈비가 꽃갈비인지 본갈비인지 구분할 수 있는 방법이 있습니다. 꽃갈비는 뼈 모양이 넙적하고 끝에 뿔처럼 툭 튀어나온 부분이 있는 반면 본갈비는 뼈가 동글동글하게 생겼습니다. 또 지방막이 잘 발달된 꽃갈비는 살이 뼈에서 깔끔하게 분리되는 반면 본갈비는 살이 뼈에 달라붙습니다.

이제, LA갈비라는 이름에 대한 유래를 살펴볼까요? LA갈비라는 이름을 가지고 영어로 검색해 보면 다 한국식 갈비 요리 이야기뿐입니다. 미국에서 직접 "LA립"을 주문하면 모르는 사람들이 많아요. 실제로 미국에서는 소갈비를 한 대씩 세로로 떼어 내는 컷을 'English Cut'이라고 부르고, 여러 대를 가로로 자르는 방식을 'Flanken-style'이라고 합니다. 이 Flanken-style이라는 방식은 유대인 전통 요리에서 유래된 방식입니다. 요즘은 이 Flanken-style을 코리안 스타일이나 아시안 스타일로 부르는 경우도 있어 한국인들이 즐겨 먹는 갈비라는 인식이 확산된 셈이죠.

LA갈비가 한국에서 본격적으로 유통되기 시작한 것은 1990년대 이후입니다. 비교적 저렴하고 먹기 편해서 인기를 끌었는데요, 미국에서 온 고기를 LA식으로 불리니 자연스레 "LA 사람들은 다 이렇게 갈비를 먹는구나"라고 생각하게 됐죠. 여기서 생긴 재밌는 일화도 있습니다. 1996년에 한국에서 팔린 LA갈비에서 산탄총의 납탄이 발견된 적이 있습니다. 고기를 먹던 중에 테이블에서 발견되었다고 하니, 미국의 '총기 국가' 이미지를 단숨에 실감케 한 사건이었죠.

LA갈비를 먹을 때 LA갈비가 가져온 이야기들까지 떠올려 보면 훨씬 흥미로운 고기 한 끼를 즐기실 수 있습니다.

최고급 소고기 부위 안창살, 어떤 매력일까?

여러분이 소고기에서 가장 좋아하는 부위는 어디인가요? 등심, 안심, 갈비, 살치 등 다양한 부위가 있죠. 저에게 '딱! 한 점'만 먹으라고 하면 꽃갈비를 먹을 거 같아요. '다섯 점'만 먹으라고 하면 등심에 새우살을 먹을 것 같고요. '열 점'만 먹으라고 한다면 안심을 먹을 거 같아요. 그런데, 질문을 바꿔 한 부위만 많이 먹으라 한다면 저는 안창살을 선택할 것 같습니다. 부드럽고 쫄깃하며 육향이 진한 이 특별한 부위, 안창살은 특히 한국에서 고급 부위로 대우받고 있죠. 그렇다면 다른 나라에서도 안창살이 고급 부위로 여겨질까요?

안창살은 소의 횡격막, 즉 가로막 부위에 해당합니다. 돼지로 따지면 갈매기살과 같은 부위죠. 안창살은 내장과 가까워서, 소

고기 특유의 육향이 진하게 느껴지는데요, 좋아하는 분들에겐 풍미가 깊은 최고의 부위지만, 호불호가 갈리기도 합니다. 선도가 좋지 않으면 맛과 향이 급격히 떨어져 신선도 유지가 무엇보다 중요하죠. 이처럼 관리와 맛에서 까다로운 점이 많아 안창살은 자연스레 고급 부위로 자리 잡았습니다.

국내에서 안창살은 특히 인기가 많지만, 사실 다른 나라에서는 한국만큼 고급 부위로 여겨지진 않습니다. 일본에서는 안창살을 '하라미'라고 부르며 갈비만큼 비싼 가격에 판매되지만, 한국처럼 인기가 많지는 않습니다. 미국에서도 안창살은 '아웃사이드 스커트'로 불리며 상대적으로 비싼 편이지만 최상급으로 대접받진 않죠. 다만, 안창살과 혼동하기 쉬운 '인사이드 스커트'라는 부위가 있는데, 한국에서 '가짜 안창살'로 알려진 업진안살을 가리킵니다.

그렇다면 안창살을 맛있게 먹으려면 어떻게 해야 할까요? 선도 유지가 가장 중요한 만큼, 저는 덩어리째 구입해서 집에서 소분해 먹는 방법을 추천합니다. 또, 밖에서 사 먹을 때 양념 안창살을 고르신다면 선도 관리가 잘 안 된 안창살의 향을 양념으로 가린 것일 수 있으니 주의가 필요하다는 것도 하나의 팁이 될 수 있겠네요.

안창살의 매력을 여러 각도에서 살펴봤습니다. 물론 가격은 비싸지만 등심, 안심과는 조금 다른 육향과 식감의 소고기를 맛보고 싶다면 안창살이 좋은 선택지가 될 수 있습니다.

먹자니 질기고 안 먹자니 고소한 너!

혹시 고기를 먹다가 등심에 붙어 있는 노란 부분을 보고 "이게 뭐지?" 하고 고민해 보신 적 있으신가요? 바로 이 노란 부분은 소의 인대, 흔히 '떡심'이라고 부르는 부위입니다. 가끔 이걸 보고 '기름 덩어리인가?' 생각하시는 분들도 계시는데, 아닙니다. 떡심은 윗등심에서는 크기가 가장 크고, 아랫등심으로 갈수록 점점 작아지다가 채끝에서는 완전히 사라지는 구조로 되어 있습니다. 그래서 이 떡심이 어른 손가락 한 마디 정도로 크게 붙어 있으면 '윗등심이구나' 생각하시면 됩니다.

정육점에서도 떡심을 처리하는 방식이 제각각이라 떡심을 붙여 주는 곳도 있고, 아예 다 떼 주는 곳도 있습니다. 떡심을 제거

하려면 그 주변에 붙은 기름까지 함께 제거해야 해서 무게가 줄어들기 때문에 100g당 단가가 약간 올라가기도 합니다. 그래서 떡심이 붙은 상태로 구매하느냐, 제거된 상태로 구매하느냐는 개인 취향에 따라 나뉘기도 합니다.

떡심은 그냥 구워 먹으면 굉장히 질긴데 그 쫄깃한 식감을 좋아하시는 분들도 제법 많습니다. 특히 떡심을 아주 오래 삶으면 결결이 찢어지면서 부드럽고 쫄깃한 식감이 살아나는데 여기에 양념을 곁들이면 맥주 안주로도 꽤 그럴듯합니다. 요즘 양꼬치 집에 가 보면 소떡심무침이나 떡심꼬치를 메뉴로 내놓는 곳도 있죠. 또 떡심은 바짝 말려서 강아지 간식으로 팔기도 합니다. 수입산 소 떡심은 무척 저렴한데 1kg에 만원이 채 안 되거든요.

이제 떡심의 정체를 아셨죠? 기름덩어리는 아니라 먹어도 괜찮지만 질긴 식감을 싫어하시는 분들은 괜히 떡심 무게까지 쳐서 샀다가 버리게 될 수 있으니 손질 방법을 잘 선택하시길 바랍니다.

곱창과 대창은 다릅니다

간혹 곱창과 대창을 헷갈려 하시는 분들이 있는데, 둘은 완전히 다른 부위입니다. 곱창은 소의 소장이고, 대창은 대장이죠. 곱창은 더 얇고 속에 두부를 으깬 듯한 곱이 차 있는 반면, 대창은 더 두껍고 속이 전부 기름으로 채워져 있습니다.

곱창 속 곱을 보고 혹시 이게 똥일까? 걱정하시는 사람들도 종종 있습니다. 하지만 걱정하지 않으셔도 됩니다. 소장은 음식물을 소화시키는 부위라 똥이 들어 있을 수 없거든요. 곱창 속 곱은 소화액이 열에 의해 굳은 것으로, 고소하고 진한 맛이 특징입니다. 사실 곱창을 즐기는 이유 중 하나가 바로 이 곱 때문이라고 할 수 있죠. '그럼 곱창 속은 세척을 안 했단 말이야?'하는 생각이 들 수

있는데, 곱창에 곱이 있는 이유는 안 씻었기 때문이 아니라 신선한 곱창은 속까지 깨끗하게 씻은 후에도 곱이 다시 차오르기 때문입니다.

반대로 신선하지 않은 곱창은 곱이 차오르지 않아 구이용으로 사용할 수 없습니다. 곱창은 손질이 번거로운 데다 선도 관리도 어렵기 때문에 특수부위가 아님에도 불구하고 가격이 비쌉니다. 품질 좋은 곱창은 한우 안심만큼이나 높은 가격대를 형성하기도 하죠.

반면, 대창에는 곱이 없고 기름으로 가득 차 있습니다. 대창은 내장을 뒤집은 후 지방으로 속을 채워 통통하게 만들어지는 것이 특징입니다. 소의 내장은 지방층이 두껍게 붙어 있어서 이걸 뒤집으면 우리가 흔히 먹는 통통한 대창이 만들어집니다. 곱창과 대창은 맛의 차이뿐 아니라 식감에서도 뚜렷한 차이가 있습니다.

곱창은 속의 곱 덕분에 고소하고 쫄깃한 맛을 즐길 수 있고, 대창은 지방이 주는 진한 고소함과 풍미가 매력적입니다.

건강한 맛을 추구하는 몇몇 가게에서는 기름을 제거한 대창을 팔기도 합니다. 이런 가게에서는 기름이 빠지면서 줄어든 중량을 보충하기 위해 더 많은 양을 제공한다고 하니, 손질도 복잡하고 원가도 높아질 수밖에 없겠죠.

최근 인터넷에 떠도는 영상들 때문에 곱창도 대창처럼 기름으로 채워져 있다는 오해가 퍼지기도 했는데, 이는 사실과 다릅니다. 곱창이 들으면 정말 억울할 일이지요. 곱창과 대창, 각각의 매력을 알고 나면 두 부위 모두 더 맛있게 즐길 수 있을 겁니다.

등골 빼 먹는 맛은 어떤 걸까?

'등골 빼 먹는다'라는 말 들어 보셨죠? 그런데 소 등골은 정말 빼서 먹습니다. 먹방 콘텐츠에서 종종 등장하는 소 등골은 사실 의학 용어로 '척수'를 뜻합니다. 척수는 소의 척추뼈 안쪽에 있는 신경 다발로, 목에서 꼬리뼈 부근까지 길게 이어져 있습니다. 소 한 마리에서 약 1.5m 정도가 나오죠. 척수는 소에게만 있는 건 아닙니다. 갈치구이를 먹을 때 뼈를 부러뜨리면 가운데 길게 나오는 흰 줄도 바로 이 척수죠. 소이기 때문에 두껍게 썰어서 먹을 수 있습니다.

등골을 가끔 '본매로우'와 혼동하시는 분들도 있습니다. 본매로우는 소의 다리뼈 속에 있는 골수로 등골과는 전혀 다른 부위입

니다. 등골은 척추뼈 안에서 진공으로 빨아 내듯 제거하는데, 해외에서는 거의 먹지 않는 부위라 주로 한국에서만 특별한 식재료로 여겨집니다.

등골은 보통 생으로 먹습니다. 흥미로운 점은 등골 자체에는 특별한 맛이 없다는 겁니다. 무맛에 가까운 등골을 즐기는 이유는, 짭짤하고 고소한 기름장과 함께 먹었을 때의 조화로움 때문입니다. 등골 특유의 식감도 매력적입니다. 망고와 푸딩의 중간 정도 되는 말랑하고 쫀득한 질감이 이색적이라 유튜브 ASMR 아이템으로도 많이 쓰이는 것 같아요. 또 등골을 구워서도 먹는데 그럼 조금 더 말랑한 식감이 됩니다. 예전에 궁중에서는 이 등골을 전으로 부쳐서 먹기도 했다고 합니다.

이 등골을 이야기할 때 꼭 따라오는 이슈가 있는데요, 바로 광우병입니다. 유럽에서는 광우병 이후에 판매가 금지되기도 했는데, 왜냐하면 광우병의 원인인 프리온 단백질이 가장 많이 들어 있는 부위가 뇌와 척수이기 때문입니다. 하지만 많은 분들이 즐겨 먹고 있고 전문적으로 파는 가게도 많은 만큼 광우병 이슈는 가능성이 희박하니 너무 걱정할 필요는 없을 것 같습니다.

색다른 음식을 즐기는 모험가라면 등골에 한번 도전해 보는 건 어떨까요?

차돌 없는
차돌 짬뽕?

차돌짬뽕, 차돌떡볶이, 차돌된장찌개 등 차돌박이를 활용한 음식이 많은데요, 이 안에 차돌박이가 아닌 우삼겹이 들어 있는 경우가 종종 있다는 사실 혹시 알고 계셨나요?

우선 차돌박이와 우삼겹은 전혀 다른 부위입니다. 차돌박이는 소의 앞다리에 가까운 흉부 양지에서 소량만 나오는 부위입니다. 쫄깃하고 단단한 지방이 특징이에요. 차돌박이는 단단한 기름이 고기 속에 박혀 있는 모습이 마치 '차돌' 같아서 붙여진 이름입니다. 이 지방은 워낙 밀도가 높아 연골로 착각하는 분들도 있을 정도죠. 다른 부위의 지방과는 달리 콜라겐과 지방이 서로 단단히 얽혀 있는 결합조직이기 때문에 이런 식감이 나옵니다. 차돌박이는 생으로 먹거나 바짝 구워 먹어도 오도오독한 식감이 매력적이죠.

우삼겹은 차돌박이와 같은 양지 부위이지만 고기의 질감에서 차이가 큽니다. 우리가 흔히 구이로 많이 먹는 업진살에서 지방과 덧살을 제거하지 않고 썰어 낸 것이 우삼겹인데 보통 고깃집에서 파는 업진살은 한우 1등급 이상의 고품질 고기입니다. 등급이 낮거나 수입인 제품은 구이용으로 적합하지 않기 때문에 냉동 후 얇게 썰어 우삼겹으로 유통됩니다. 차돌박이는 브리스킷 바비큐 등 해외에서도 수요가 많기 때문에 같은 수입산이어도 차돌박이의 가격이 우삼겹에 비해 조금 더 비쌉니다.

이렇게 차돌박이와 우삼겹은 엄연히 다른 부위지만 차이를 잘 모르는 분들이 많다 보니 간혹 차돌 이름이 들어가는 메뉴에 우삼겹을 사용하는 경우도 있습니다. 하지만 잘 보면 차이가 보이는데, 차돌박이는 살코기에서 지방이 잘 분리되지 않기 때문에 익힌 후에도 모양이 그대로 유지됩니다. 반면 우삼겹은 익는 과정에서 지방이 녹아내려 모양이 흐트러지게 되죠. 또 차돌박이는 오돌오돌한 지방의 결이 느껴지는 반면 우삼겹은 훨씬 더 부드럽게 씹힙니다. 그러니까 둘의 차이를 쉽게 알아보려면 지방을 보시면 됩니다.

어떤 사장님들은 "어차피 비슷하니까 괜찮다"라는 생각으로 메뉴를 내기도 합니다. 실제로 차돌 대신에 우삼겹이 들어가도 소기름 특유의 진하고 고소한 맛이 잘 우러나오기 때문에 충분히 맛있습니다. 하지만 메뉴에 사용하는 부위가 다르다면, 소비자들에게 정확히 안내하는 것이 맞지 않을까요?

소고기 1타 강사
미트러버 전공필수

소고기를 먹으면서 '이 부위 이름이 왜 이렇게 붙었지?' 하고 궁금했던 적 있으신가요? 소 한 마리는 우족을 제외하고 총 10개의 대분할로 나뉩니다. 목심, 등심, 앞다리, 갈비처럼 이름만 들어도 딱 떠오르는 부위들은 쉽게 지나가겠습니다. 하지만 다른 부위들은 꽤 흥미로운 유래를 가지고 있어요.

먼저 채끝입니다. 이 부위는 예전 소들이 농사를 도울 때 채찍을 맞던 곳이라 해서 '채끝'이라는 이름이 붙었습니다. 채끝 바로 아래에 작게 붙어있는 부위가 바로 안심입니다.

다음으로 우둔은 소의 엉덩이를 뜻합니다. 우둔 안에는 우둔살과 홍두깨살이 있습니다. 그 아래쪽으로 설도라는 부위가 있는데, 이 부위는 항문 근처로 배설물이 지나가는 길이라는 의미에서 붙여진 이름이라고 합니다. 설도 안에는 보섭살, 설깃살, 설깃머리살, 삼각살, 도가니살 이렇게 다섯 부위로 또 나눠어집니다.

사태는 앞사태와 뒷사태로 나눠는데, 여기서 '샅'은 순우리말로 다리 사이를 뜻합니다. 씨름에서 사용하는 '샅바'의 샅도 바로 이 의미와 연결됩니다. 사태에는 앞사태, 뒷사태, 뭉치사태, 아롱사태, 상박살이 속합니다. 육질이 단단하기 때문에 주로 국거리나 장조림으로 많이 먹습니다. 나주곰탕에 국물 내는 용도로 주로 사용되는 고기가 바로 이 사태라고 하죠.

마지막으로 소의 뱃살 부분인 양지가 있습니다. 이 부위 이름은 소들이 양지바른 곳을 찾아 배를 깔고 눕는 습관에서 유래했다는 이야기가 전해 내려옵니다. 물론 정확한 근거가 없는 '카더라 통신'이긴 하지만 충분히 설득력 있는 추론입니다. 양지는 특히 부위가 세밀하게 나눠어집니다. 양지머리, 차돌박이, 업진살, 업진안살, 치마양지, 치마살, 앞치마살 이렇게 부위를 나누고 국물용과 구이용이 혼재돼 있습니다.

이렇게 소고기 부위 이름에는 단순히 위치만이 아니라, 역사와 문화가 담겨 있습니다. 대분할을 알고 소분할 부위를 익히면 각 부위별 육질과 요리 용도를 더 쉽게 외울 수 있을 겁니다.

오드레기 처음 보시는 분

대구에서 뭉티기 전문점에 가면 뭉티기와 함께 메인 메뉴로 파는 오드레기라는 음식을 볼 수 있습니다. 식감이 잘 씹히지 않을 정도로 쫄깃해서 흡사 힘줄 같기도 합니다. 사실 오드레기는 소의 심장 쪽 대동맥, 즉 혈관입니다. 양꼬치집에서 파는 쯔란신관도 바로 이 부위이죠. 뭉티기 집에서 오드레기는 양지와 함께 숯불에 구워 나옵니다. 한 접시(200g)에 3만~4만 원대일 정도로 꽤 비싼 고급 안주이죠.

서울에서는 오드레기를 판매하는 가게를 찾기가 쉽지 않지만, 온라인에서는 한우 오드레기를 500g에 만 원 정도로 구매할 수 있습니다. 집에서도 간단히 조리할 수 있다는 장점이 있어요. 양지와 오드레기를 얇게 썬 뒤 간장, 소금, 설탕, 미림으로 양념하고 은근한 불에 구우면 완성됩니다.

오드레기의 맛은 담백하면서도 식감이 독특합니다. 꼬들꼬들한 송이버섯에 약간의 육향이 더해진 느낌이라고 할까요? 숯불에 구우면 훨씬 맛있으니 캠핑 같은 야외에서 구우면 저렴하면서도 특별한 별미 안주가 될 겁니다.

우대갈비의 진실

우대갈비 하면 어떤 이미지가 떠오르시나요? 아마 큼직한 갈빗대를 통째로 구운 모습이 가장 먼저 떠오를 겁니다. 그런데 한번 잘 생각해 보세요. 우리가 '우대갈비'라는 말을 어릴 때부터 들어왔던가요? 사실 이 용어는 비교적 최근에 등장한 말입니다. 익숙한 듯하면서도 생소한 이 단어, 알고 보면 고깃집 마케팅의 결과물이라는 사실이 흥미롭습니다.

우대갈비라는 단어가 처음 주목받기 시작한 건 2018년 서울의 유명 고깃집 '몽탄'이 문을 열면서부터입니다. 이곳은 전라도 무안 몽탄면의 짚불구이를 모티브로 소갈비를 우대갈비라는 이름으로 소개했는데, 그 전에는 언론에서도 거의 쓰이지 않던 단어

였습니다. 2019년 조선일보가 몽탄을 다루면서 소갈비를 우대갈비라고 언급한 것이 이 단어가 대중화되는 계기가 되었죠.

그런데 우대갈비라는 이름은 원래 돼지갈비에서 쓰였다는 사실, 알고 계셨나요? 과거 언론 기록을 살펴보면, 우대갈비라는 표현은 돼지갈비를 설명할 때 등장하곤 했습니다. 일부 설에 따르면, 돼지의 1~5번 갈빗대를 끊어 낸 부위를 '오대갈비'로 부르던 것이 '우대갈비'로 발전했다는 주장도 있습니다. 또 다른 설은 일본어에서 유래되었다는 것으로, 일본어로 팔과 완력을 뜻하고 고기 용어로는 앞다릿살 부분을 의미하는 '우데'에서 비롯되었다는 이야기도 있습니다.

그렇다면, 오늘날 우대갈비는 왜 이렇게 인기가 많아진 걸까요? 사실 큼직한 뼈에 갈빗살이 붙어 있는 비주얼이 큰 몫을 했죠. 길게 뻗은 갈빗대는 시각적으로도 한 대의 갈비를 다 먹는 듯한 착각을 일으키고 캠핑이나 바비큐 문화와 잘 어울립니다. 고기를 구울 때 반으로 잘라내기 때문에 뼈를 잡고 쉽게 먹을 수 있다는 것도 소비자들에게 만족감을 줍니다.

그런데 소 우대갈비는 특별히 새로운 고기라기 보단 우리가 일상적으로 먹는 부위입니다. 바로 LA갈비와 같은 부위죠. LA갈비는 소의 6, 7, 8번 꽃갈비 부위를 가로로 얇게 썰어 내지만, 우대갈비는 같은 부위를 세로로 길게 자른 형태입니다. 결국 같은 갈비를 어떻게 자르느냐에 따라 명칭만 달라진다는 점 알아 두세요.

따라서, 좋은 우대갈비를 고르는 방법도 간단합니다. LA갈비를 고를 때처럼 반드시 꽃갈비(Short Rib) 부위를 사용한 것인지 확인하는 겁니다. 일부 업체에서는 찜갈비용 척립(Chuck Rib)을 사용하기도 하는데, 이 경우 고기의 결이 다르고 맛이 떨어질 수 있습니다. 캠핑에 가서 맛있는 우대갈비를 먹고 싶다면 이 부분을 꼭 확인하세요.

풍미 확 올려 주는 소기름의 정수, 두태기름

고기도 부위별로 맛이 다른 것처럼 기름도 어떤 부분에서 나왔는지에 따라 맛과 질감이 다릅니다. 다른 소 지방은 보통 버리지만 차돌박이 지방은 사람들이 비싸게 사 먹는 것처럼요. 소기름 중 유독 요리에 자주 쓰이는 품질 좋은 기름이 있습니다. 바로 두태기름입니다. 두태기름은 소의 콩팥 주변을 둘러싸고 있는 기름인데 원물을 보면 콩팥을 떼어 낸 자국이 움푹패인 것이 보입니다. '두태(豆太)'는 콩팥의 의학적 용어인데 발음이 와전돼 '주태기름'이라고 불리기도 합니다.

두태기름과 일반 정육에서 떼 온 기름을 비교해 보면 확실히 색이 다릅니다. 일반 우지에 비해 두태기름이 훨씬 하얘서 정제

되어 있는 느낌이 듭니다. 질감도 차이가 있는데, 손으로 으깼을 때 일반 우지는 쉽게 뭉개어지지만 두태기름은 훨씬 단단합니다. 구이용으로 인기가 많은 차돌박이 지방과 색과 모양이 상당히 비슷해요.

두태기름의 특징은 소기름 특유의 고소한 풍미는 가지고 있으면서도 다른 부위 기름에 비해 느끼함이 적다는 겁니다. 일반 우지는 좀 무겁고 텁텁한 느낌이 있다면, 두태기름은 소고기 향은 그대로지만 식용유처럼 끝맛이 훨씬 가볍습니다. 그래서 왕십리 대도식당처럼 유명한 고깃집에서는 두태기름으로 고기를 구워 주기도 합니다. 주머니 사정이 팍팍하다면 낮은 등급 고기를 구매해 두태기름에 구워 먹는 방법도 추천할 만합니다.

육개장, 소고기전골, 순두부찌개 등 빨갛고 진한 국물 요리를 하는 식당에서는 이 두태기름을 활용해 양념장을 만들어 국물의 풍미를 높이는 데 자주 사용합니다. 만드는 방법은 아주 간단해요. 우선 두태기름 200ml를 녹여 주고 여기에 고춧가루를 같은 양으로 섞습니다. 여기에 다진마늘 네 큰술, 다진 생강 한 큰술, 다시다 네 큰술, 후추 한 큰술, 멸치액젓 100ml 넣고 잘 섞어 주면 끝이에요. 맹물에 이 두태기름 양념장만 풀어서 사용해도 훌륭한 국물이 됩니다. 원물을 끓여서 기름을 뽑아서 사용해도 되지만, 이미 정제해서 나온 두태기름 제품도 있습니다. 이런 제품을 쓰면 시간이 훨씬 단축되겠죠?

소는 체지방률이 30%가 넘기 때문에 소 한 마리를 도축할 때마다 상당한 양의 소기름이 나옵니다. 대부분은 공업용으로 사용되거나 폐기되죠. 동물성 기름이 몸에 좋은지 아닌지에 대해선 여전히 갑론을박이 있지만 가끔 풍미를 추가하는 용도로 사용하면 정말 가성비 좋은 식재료인 건 확실하니까 한 번쯤 시도해 보시길 추천합니다.

원래는 소기름으로 튀겼던 맥도날드 감자튀김

패스트푸드 '덕후'들은 가장 맛있는 프렌치프라이를 주는 브랜드로 맥도날드를 꼽곤 합니다. 그런데 오리지널 맥도날드 감자튀김은 지금과는 맛이 꽤 달랐다는 사실 알고 계신가요? 맥도날드는 80년대까지 우지, 그러니까 소기름으로 감자를 튀겼습니다. 그러다 1990년을 기점으로 식물성 기름으로 바뀌었죠. 분명히 옛날 감자튀김이 더 맛있었을 것 같은데, 이런 글로벌 브랜드에서 왜 감자기 레시피를 바꾼 걸까요?

맥도날드는 1950년대에 본격적으로 프랜차이즈 사업을 시작했는데 초창기부터 프렌치프라이는 소기름으로 튀겨 왔습니다. 생각해 보면 미국의 소고기 소비는 세계 최고 수준인데 손질하고 남은 소 지방의 양도 상당했을 거예요. 소는 체지방률이 30%에

달하니까요. 소기름으로 튀긴 감자는 저렴하면서 맛도 있었기 때문에 맥도날드 입장에서는 레시피를 포기할 이유가 없었습니다.

또 프렌치프라이가 이름은 '프렌치'지만 사실 벨기에에서 유래했다는 이야기가 있는데 원래 벨기에 감자튀김도 소의 기름으로 튀긴다고 하니까 근본 없는 레시피도 아니었습니다. 그런데 1990년에 맥도날드는 전 매장에서 소기름 사용을 중지하고 프렌치 프라이 튀김유를 대두기름으로 바꿨는데 필 소콜로프(Phil Sokolof)라는 인물의 영향이 막강했습니다.

필 소콜로프는 건설 재료 회사를 운영하던 사업가이지만 '콜레스테롤 파이터'로 더 유명합니다. 필 소콜로프는 1921년생인데 40대 후반이었을 때 심장마비에 걸려서 죽을 고비를 넘깁니다. 그는 자기가 죽을 뻔했던 게 기름진 식습관 때문이라고 생각했죠. 그래서 콜레스테롤과의 전쟁을 여생의 사명으로 삼았습니다. 1985년에 비영리 국가심장보호협회를 설립했고 나중엔 운영하던 건설회사도 매각하고 항콜레스테롤 운동에 매진했습니다. 전국적으로 무료 콜레스테롤 수치 검사도 진행하고 몇몇 식품 가공업체가 크래커와 쿠키에 포화지방 함량이 높은 정제 팜유를 사용하지 못하도록 했죠. 협회 설립 후 죽기 전까지 20년 동안 이 공익사업으로 1,500만 달러를 썼다고 해요.

필 소콜로프가 일생일대의 숙업으로 생각한 것이 맥도날드의 감자튀김을 바꾸는 일이었습니다. 소콜로프씨도 원래 패스트푸드를 상당히 즐겨 먹었다고 하는데 죽음의 문턱까지 갔던 입장에서 소기름으로 튀기는 감자튀김은 최악의 음식으로 보였을 겁니다. 게다가 맥도날드는 1980년대에 이미 전 세계에 만 개의 매장을 가지고 있는 큰 기업이었고, 미국인들의 주식 중 하나였으니까 굉장히 상징적인 타깃이기도 했습니다.

맥도날드도 마냥 필 소콜로프의 의견을 무시할 수 없었던 게 소콜로프라는 인물이 가진 영향력도 있었고 협회에서 상당히 공격적인 어조의 광고로 맥도날드를 압박했습니다. 여론이 악화되고 주가가 떨어지자 맥도날드는 결국 백기를 들고 소기름으로 프렌치프라이를 튀기던 전통 레시피를 버립니다. 한 사람의 영향력으로 전 세계인들이 먹는 맥도날드의 맛이 바뀐 거죠. 90년 이전에 맥도날드를 먹었던 세대는 아직도 그 맛을 기억하고 그리워한다고 합니다. 유튜브에도 레시피 영상들이 많이 올라와 있고요.

'동물성 기름 대 식물성 기름'이라고 하면 한국에서는 대표적으로 1989년 삼양라면 우지파동이 있었죠. '삼양은 우지를 쓴 나쁜 라면', '농심은 식물성 팜유를 쓴 좋은 라면' 이렇게 구도가 형성이 됐었는데 결과적으로 농심의 압승이었습니다.

그런데 정작 동물성 기름이 정말 그렇게 나쁜가에 대해서는 갑론을박이 끊이질 않습니다. 순수 자연에서 얻어지는 동물성 포화지방은 사실 그리 몸에 나쁘지 않다는 주장도 심심치 않게 찾아볼 수 있고 오히려 식물성 지방이 더 해롭다는 이야기도 있습니다. 식물성 기름은 산화가 더 빠르고 트랜스지방으로 전환될 수가 있다는 이유에서 입니다.

그래서 필 소콜로프씨에 대한 후대의 평가가 조금 갈리는 부분이 있습니다. 막대한 자본력으로 대중들에게 동물성 지방에 대한 부정적 이미지를 심었는데, 사실 이게 개인의 경험에 의한 것이고 정확한 의학적 근거는 없었다는 주장이 있습니다. 이분이 84

세에 사망했는데 사인이 심부전이었어요. 몇 십 년을 동물성 지방을 극도로 조심하면서 살았는데 결국 심장병으로 사망한 거죠.

국내에서는 2016년에 '지방의 누명'이라는 다큐멘터리가 인식의 전환점이 됐는데 동물성 지방 섭취를 늘리고 탄수화물을 줄이는 일명 '저탄고지' 식단이 대유행했고 버터를 잔뜩 넣은 방탄커피도 시중에 많이 나왔습니다. 또 그 시기에 영국 의학 저널에서 '동물성 포화지방을 많이 먹어도 심혈관질환으로 사망할 위험이 전혀 높아지지 않는다'는 연구 결과가 나오기도 했죠. 앞으로 동물성 지방에서 대한 연구 결과가 더 많이 나와서 미트러버들의 궁금증이 완벽히 해소되길 바랍니다.

PART 02

돼지

제주 흑돼지가 제일 맛있다? 중요한 건 결국 내 입맛입니다!

제주도 흑돼지, 정말로 토종 흑돼지일까요? 많은 분이 맛보고 싶어 하는 제주 흑돼지가 사실은 천연기념물로 지정된 '진짜 토종 흑돼지'가 아닌 경우가 많습니다. 제주 흑돼지는 천연기념물 550호로 지정되어있는데, 축산진흥원에서 길러지는 약 260마리만이 순수한 제주 토종 흑돼지라고 할 수 있습니다. 이 개체들은 천연기념물이니까 당연히 잡아먹을 수는 없겠죠.

그렇다고 제주 흑돼지를 100% 못 먹는다고 할 수는 없습니다. 천연기념물인 흑돼지가 새끼를 낳아 개체수가 늘어나면 민간에 불하하기도 하고 민속 마을에서 기르기도 합니다. 이들 돼지는 천연기념물이 아니기 때문에 도축해 고기로 팔기도 합니다.

하지만 제주 토종 흑돼지를 일반적으로 식육으로 잘 키우지

않는 것은 경제적 이유 때문입니다. 일반 돼지는 6개월 정도면 110kg까지 자라 출하할 수 있지만, 제주 흑돼지는 1년을 키워야 100kg이 될까 말까 하고, 새끼도 절반밖에 낳지 않습니다. 일반 돼지가 새끼를 한 번에 10마리 정도 낳는다면 제주 흑돼지는 5마리밖에 낳지 못하기 때문에 양산하기가 쉽지 않습니다. 또 일반 돼지보다 지방 비율도 높아서 좋은 등급을 받기도 힘들죠.

혹시나 진짜 토종 흑돼지를 맛본다고 해도 너무 큰 기대는 내려놓는 것이 좋습니다. 예를 들어, '연리지가든'이라는 식당에서 거의 유일하게 순종 흑돼지를 맛볼 수 있는데요, 풍미를 위해 18개월 이상 기른 이 돼지는 제한된 양만 나오기 때문에 삼겹살, 목살이 아닌 앞다릿살이나 뒷다릿살이 제공되기도 합니다. 이 때문에 호불호가 갈리기도 하죠.

그럼 제주 흑돼지, 정말 그렇게 특별한 맛일까요? 연리지가든에서 흑돼지를 맛본 사람들은 고기에서 버터 맛 같은 특별한 풍미가 난다고 하는데 과장된 이야기는 아닐 겁니다. 다만, 이게 꼭 제주 흑돼지라서기보단 오래 기른 돼지일수록 육향이 깊고 풍미가 좋아지기 때문일 가능성이 큽니다. 이베리코 흑돼지를 떠올리면 이해가 쉬운데, 이베리코 돼지 역시 1년 이상 자라면서 맛과 풍미가 깊어지죠.

개인적으로는 꼭 흑돼지가 아니더라도 신선한 제주 돼지를 선호하는데요, 서울에서 먹는 것과 같은 종자의 돼지라고 해도 농장마다 사료와 환경, 물이 다르므로 어떤 농장에서 길렀는지에 따라 맛이 더 좋아질 수 있기 때문입니다.

제주의 유명 맛집 돈사돈에서는 별관에선 백돼지를 팔더라도 본점에선 흑돼지만 제공한다고 하죠. 관광객들이 그만큼 흑돼지를 기대하기 때문입니다. 그렇지만 제주 흑돼지라고 해서 무조건 맛있다거나 진짜 제주도만의 맛을 대표한다고는 할 수 없습니다. 중요한 것은 여러분의 입맛입니다. '흑돼지가 무조건 더 맛있고 고급이다' 이런 고정관념보다는 여러 돼지를 맛보며 자신만의 입맛을 찾아보세요.

오돌뼈가 있어야 진짜 맛있는 삼겹살입니다!

삼겹살 고를 때 살코기만 있는 쪽을 고르는 분들이 생각보다 많습니다. 그런데 우리가 일반적으로 맛있다고 느끼는 고소하고 쫄깃한 맛의 삼겹살은 오돌뼈가 있는 부분입니다.

돼지는 종류에 따라 갈빗대가 13~17개 있는데 1번부터 4번까지를 우리가 아는 돼지갈비로 떼어 내고 나머지 갈비를 모두 삼겹살로 붙입니다. 소로 따지면 비싼 갈비와 비교적 저렴한 양지가 한 부위에 같이 붙어 있는 거죠. 어느 고기나 그렇듯, 돼지도 갈비가 맛있는데 바로 이 갈비 부위를 구분할 수 있는 게 오돌뼈입니다. 오돌뼈는 갈비의 마디를 연결해 주는 연골이거든요.

생각해 보면 소고기의 경우 갈비와 양지를 따로 분리해 판매하

며 가격 차이도 큰 편입니다. 하지만 돼지고기는 삼겹살의 인기가 압도적이어서 돼지갈비보다 삼겹살의 가격이 더 비쌉니다. 이런 소비자 선호도 덕분에 삼겹살 크기를 최대한 키우는 방식으로 정형하는 것이 표준이 되었습니다.

삼겹살에서 오돌뼈가 없는 뱃살은 미추리라고 부르는데 뒷다리에 가까운 부위이기 때문에 살코기에 기름기가 없고 갈비에 비해 퍽퍽합니다. 그래서 삼겹살을 잘 아시는 분들은 가게에서 주문할 때 미추리를 빼고 달라고 따로 얘기하기도 합니다.

오돌뼈 이야기 외에 좋은 삼겹살 고르는 팁으로는 색깔이 있습니다. 지방은 뽀얀 하얀색이 좋고, 살코기는 선명한 연분홍색을 골라야 신선하고 차진 삼겹살을 고르실 수 있습니다. 살코기가 너무 짙은 분홍색이면 수퇘지거나 늙은 돼지일 가능성이 있고요. 색깔이 선명하고 경계가 분명한 고기가 신선한 삼겹살입니다.

1등급 돼지고기는 뭐가 다를까?

소고기 1등급 하면 바로 떠오르는 비주얼이 있죠? 반짝이는 마블링과 선명한 붉은빛을 생각하게 됩니다. 누구나 소고기 등급은 당연히 잘 알고 있지만, 돼지고기 등급은 어떨까요? 결론적으로 돼지고기도 1등급, 1+등급 등 등급을 나눕니다. 그런데 돼지고기 등급을 나누는 기준이 무엇인지 아는 사람은 별로 없습니다. 이번엔 돼지고기 등급 기준을 알려드릴게요.

첫 번째, 돼지고기는 소고기와 달리 소매 판매 시 등급 표시가 의무가 아닙니다. 2009년에는 삼겹살과 목살의 등급 표시 의무화를 추진했지만, 유통업계 반발과 기준의 애매모호함으로 인해 시행되지 않았습니다. 다만 2013년부터 돼지고기는 1+등급, 1등급, 2등급, 등외로 나누어졌고 각 축산업체가 자율적으로 신청해

받을 수 있습니다. 소고기는 1++, 1+, 1등급이 소비자들에게 쉽게 와닿지만, 돼지고기는 등급 표시는 그다지 와닿지 않아서 대부분 마케팅용으로 사용됩니다.

두 번째, 돼지고기의 등급 기준은 삼겹살 중심으로 결정됩니다. 이베리코 돼지는 품종과 먹이에 따라 등급이 정해지고, 미국에서는 소고기처럼 근내지방(마블링) 함량으로 등급이 나뉩니다. 반면 한국에서는 삼겹살 품질이 돼지고기의 등급을 좌우하는 기준이죠. 한국에서는 삼겹살이 돼지고기 수요의 절대 다수를 차지하기 때문입니다.

세 번째, 돼지고기 등급은 체중과 등지방 두께로 결정됩니다. 돼지의 체중이 83~93kg, 등지방 두께가 17~25mm 사이일 때 1+등급을 받을 수 있습니다. 만약 체중이 79kg 이하이거나 99kg 이상이면 2등급으로 떨어지며, 등지방 두께도 이 범위를 벗어나면 등급이 낮아집니다. 등급 판단의 핵심은 이상적인 지방 비율의 삼겹살을 제공할 수 있는지의 여부입니다. 의외로 삼겹살을 갈라서 두께를 측정하지 않는데, 삼겹살을 가르면 상품성이 떨어지기 때문입니다.

네 번째, 돼지고기 1등급 이상 비율은 매우 높은 편입니다. 축산물품질평가원 통계에 따르면, 2023년 기준으로 1+등급 돼지는 33.7%, 1등급 돼지는 34.1%, 2등급 돼지는 28.6%로, 소비자들이 접하는 대부분의 돼지고기는 1등급 이상입니다. 돼지고기에서 등급 간 가격 차이가 크지 않기 때문에, 일반적으로 1등급 이상의 돼지고기를 구입하시면 무난한 품질로 즐길 수 있습니다.

이제 한우 등급은 그렇게 따지면서 돼지 등급은 그렇게 안 따지셨던 이유가 이해 가시나요? 따라서 돼지는 등급보다는 품종이라든지, 어떤 사료를 먹고 어떤 환경에 있었는지, 암퇘지인지 거세돼지인지 정도를 따져 보는 게 좋을 것 같습니다. 등급은 기본적인 기준이고, 등급 외에 더 중요한 요소들이 있다는 사실을 알아 두세요.

고급 돼지 맞아? 우리가 먹는 이베리코 돼지의 숨은 진실

이베리코 돼지는 정말로 '세계 4대 진미'라 불릴 만한 고기일까요? 삼겹살 한 점을 입에 넣으며 궁금했던 분들 많으실 겁니다. 우리가 자주 접하는 이베리코 돼지의 숨겨진 이야기와 진실을 함께 풀어 보겠습니다.

첫 번째! 이베리코 돼지는 정말 흑돼지일까요? 이베리코 돼지를 흔히 흑돼지라고 부르지만, 사실 이 표현이 완전히 맞는 것은 아닙니다. 식품의약품안전처에서도 이베리코 돼지를 흑돼지로 표시하는 걸 금지한 적이 있었죠. 이유는 간단합니다. 스페인의 이베리코 돼지 기준에 따르면 이베리아 반도에서 자라는 특정 품종의 돼지는 털 색이 아니라 혈통과 사육 방식에 따라 이베리코로 인정되기 때문입니다. 그래서 식당에서 '흑돼지'라고 자주 표

현되는 이베리코가 꼭 완전한 흑돼지를 의미하지는 않습니다.

두 번째! 이베리코 돼지에도 등급이 있다는 사실, 알고 계셨나요? 이베리코 돼지는 단순히 한 종류가 아닙니다. 스페인에서는 사육 방식과 품종에 따라 세 가지 등급으로 나뉘는데요, 베요타(Bellota)는 최소 3개월 이상 방목하며 도토리만 먹인 돼지입니다. 고소한 견과류 향의 풍미가 좋은 가장 고급스러운 등급이죠. 세보 데 깜뽀(Cebo de Campo)는 순종 돼지와 교잡종에 도토리와 사료를 섞어 먹인 돼지로 중간 단계이고 세보(Cebo)는 방목 없이 사료만 먹이고 키운 돼지입니다. 저렴한 이베리코 돼지는 주로 세보나 세보 데 깜뽀 등급인 경우가 많습니다. 국내에서 먹는 구이용 이베리코로는 이 두 등급이 가장 많은데요, 베요타 등급을 찾으려면 꽤 고가를 지불해야 한다는 걸 기억해 두세요.

세 번째! 이베리코 돼지가 세계 4대 진미로 꼽히는 이유는 어디까지나 하몽(Jamón) 때문입니다. 하몽은 돼지 다리를 건조·숙성시켜 만든 스페인 전통 햄인데요, 수년간의 숙성 과정과 수작업이 필요합니다. 이베리코 돼지 중에서도 도토리 사육을 한 베요타 등급의 하몽이 세계적인 수준의 미식으로 인정받고 있습니다.

이베리코 돼지는 그 자체로도 충분히 맛있습니다. 다만 고급스러운 이미지와는 다르게 등급에 따라 차이가 있으니, 알고 드시면 더 즐길 수 있을 겁니다.

아! 이래서 이베리코 삼겹살을 많이 안 팔았구나 ……

'이베리코 삼겹살은 왜 이렇게 드물까?'라는 생각 해 보신 적 있나요? 이베리코 목살은 꽤 본 것 같은데 말이죠. 이번엔 이베리코 삼겹살을 좀처럼 보기 어려운 이유에 대해 다뤄 볼까 합니다.

가장 큰 이유는 이베리코 돼지의 지방층이 너무 두껍다는 겁니다. 이베리코 돼지는 주로 하몽, 즉 뒷다리를 얻기 위해 사육되기 때문인데요, 충분한 크기의 뒷다리를 얻기 위해서는 돼지를 1년 6개월 이상 키워야 합니다. 그런데 돼지를 이렇게 장시간 사육하면 지방이 과도하게 많아집니다. 안 그래도 지방이 많은 삼겹살은 그 모양새가 우리가 원하는 '이상적인 삼겹살'과는 거리가 멀어지는 거죠. 흔히 우리가 이야기하는 '떡지방' 형태의 삼겹살이 됩

니다. 아마 식당에서 만난다면 많은 소비자들은 클레임을 걸 겁니다. 이렇다 보니 이베리코 삼겹살은 대중적인 상품이 되기 어려워졌습니다.

또 이베리코 베요타 등급의 삼겹살은 질길 가능성이 높습니다. 방목해 도토리 사육을 하는 과정에서 근육이 더 단단해지거든요.

숙성을 거친다 해도 우리가 일반적으로 먹는 삼겹살보다는 훨씬 식감이 질깁니다. 미트러버 방송에서 이베리코 삼겹살을 구해 직접 먹어 봤지만 식감과 고기의 기름진 정도가 상당히 낯설게 느껴졌습니다. 기름은 많고, 고기 식감은 질기고 여기에 비싼 가격까지 더해지니 대중에게 어필하기엔 조금 무리가 있어 보입니다.

반면 목살은 지방과 근육의 균형이 적당히 잘 잡혀 있고, 특유의 풍미 덕분에 삼겹살보다 훨씬 더 매력적인 구이 부위로 자리 잡았습니다. 그래서 우리가 흔히 접하는 이베리코 돼지는 목살이 대부분인 거죠. 삼겹살은 베요타 등급이든 세보 등급이든 대중적인 매력을 발휘하기엔 애매한 고기라는 결론입니다.

하지만 그렇다고 이베리코 삼겹살이 나쁜 고기라는 뜻은 아닙니다. 지방 자체에 특유의 풍미가 응축돼 있는 만큼 기름진 맛을 좋아하거나 키토식을 즐기는 분들께는 매력적인 선택이 될 수 있습니다.

스페인 젖먹이 새끼 돼지, '코치니요 아사도' 이야기

젖먹이 새끼 돼지를 요리하는 스페인의 전통 요리인 '코치니요 아사도'를 아시나요?

스페인어로 코치니요는 젖을 떼기 전의 새끼 돼지를 의미하며, 아사도는 구운 고기를 뜻합니다. 코치니요 아사도는 태어난 지 2주에서 6주 정도의 어린 돼지를 통째로 구워 내는 요리인데, 주로 몸무게가 5kg 이하인 돼지를 사용합니다. 이 요리는 스페인의 세고비아 지역이 특히 유명하지만, 사실상 스페인 전역에서 즐겨 먹습니다. 스페인 사람들에게 코치니요 아사도는 크리스마스나 가족 행사와 같은 특별한 날에 함께 나눠 먹는 파티 음식이죠.

코치니요 아사도의 역사는 로마 제국 시대로 거슬러 올라갑니

다. 로마 식문화의 영향을 받아 이베리아 반도에서 시작된 이 요리는 시간이 흐르며 스페인의 전통 요리로 자리 잡았습니다. 15세기 말, 스페인이 가톨릭 국가로 통일되며 코치니요 아사도는 더 특별한 의미를 갖게 되었습니다. 유대인들은 돼지고기 먹기를 금기시해서 이 음식을 함께 먹는 행위가 개종 여부를 확인하는 하나의 수단으로 활용되었기 때문입니다. 이러한 역사적 배경은 코치니요 아사도가 단순한 음식이 아니라 문화적 상징으로 자리 잡게 된 계기가 되었습니다.

코치니요 아사도의 맛과 식감은 굉장히 부드럽고 담백합니다. 겉은 바삭하고 속은 촉촉한 육즙이 가득한 게 잘 구운 코치니요 아사도입니다. 고기의 맛은 사실 돼지고기보다는 닭고기에 더 가깝습니다. 성체가 되지 않은 돼지는 근육 발달이 미숙해 돼지고기의 육향을 내지 못하기 때문입니다. 속살의 맛은 닭백숙과 비슷하고 여기에 허브와 소금으로 풍미를 더합니다.

코치니요 아사도에서 가장 사랑받는 부분은 바로 껍질인데요, 야들야들한 새끼 돼지의 껍질이 바삭하고 쫄깃해서 최고의 별미입니다. 또 새끼 돼지를 보통 3등분해서 머리 부분, 몸통 부분, 꼬리 부분으로 제공하는데, 초보들은 거부감 때문에 머리가 달린 부분을 꺼리지만 먹을 줄 아는 사람들은 머리를 가장 선호한다고 하네요.

코치니요 아사도는 전통적으로 토막을 내는 방법이 있습니다. 바로 접시를 이용하는 거죠. 접시를 세로로 잡고 날 부분을 이용해 돼지를 내리치면 뼈까지 토막이 납니다. 그런 다음 접시를 던져서 깨뜨리는 퍼포먼스가 유명한데 고기가 얼마나 연한지도 보여 주고 접시를 깨뜨려 액운을 막는다는 스토리텔링이 가미됐다고 합니다.

비교적 가까운 나라 필리핀에서도 코치니요 아사도와 비슷한 음식을 볼 수 있습니다. 바로 레촌입니다. 필리핀이 스페인에 식민 지배를 받을 때 코치니요 아사도가 전파되어 필리핀 현지 스타일로 변형된 음식입니다. 코치니요 아사도는 주로 장작 오븐에서 천천히 굽는 반면 레촌은 숯불이나 장작불 위에 통돼지를 꼬치로 끼워서 천천히 회전시켜 굽습니다. 또 필리핀식 레촌은 레몬그라스, 마늘, 생강, 양파 등 동남아시아 지역의 허브를 돼지 속에 채워 넣고 구워 조금 더 다양한 맛을 냅니다.

돼지고기가 정말 면역력에 탁월할까요?

'돼지고기가 면역력에 좋다'라는 말을 들어 본 적 있으신가요? 이번엔 단순히 홍보 문구로만 보이던 이 이야기가 진실인지 한번 살펴보겠습니다.

결론적으로 말하자면 돼지고기와 면역력의 상관관계는 과학적 근거가 있는 이야기입니다. 대한영양사협회는 메르스 사태 때 면역력을 높이는 10대 식품을 발표했는데, 돼지고기가 포함되어 있었습니다. 최근 신종 코로나 바이러스 사태로 급조된 정보가 아니라, 오랜 시간 공신력을 인정받아 온 사실입니다.

돼지고기에는 면역력 강화에 중요한 역할을 하는 아연과 셀레늄이 풍부하게 들어 있기 때문인데요, 아연은 백혈구 생성을 돕고 감염 저항력을 높이며, 돼지고기의 아연 함량은 소고기나 닭고기보다 많게는 2배까지 높습니다. 또한 항산화 작용으로 면역력을 높여 주는 셀레늄도 우리가 주로 먹는 육종 중 돼지고기에 가장 많이 포함되어 있습니다. 이뿐만 아니라 돼지고기에는 우리 몸에 꼭 필요한 필수 아미노산이 풍부해 전반적인 건강에도 도움이 됩니다.

그렇다면 돼지고기를 어떻게 먹으면 면역력 강화에 더욱 효과적일까요? 첫 번째 팁은 돼지고기를 마늘, 양파와 함께 먹는 겁니다. 마늘과 양파에는 알리신이라는 면역력 강화 성분이 포함되어 있는데, 돼지고기 속 비타민B1과 만나면 알리티아민이라는 더욱 강력한 영양소로 변환됩니다. 알리티아민은 비타민B1의 흡수율을 10배에서 20배까지 증가시켜 줍니다. 그러니 돼지고기를 구울 때는 꼭 마늘과 양파를 곁들여 드셔 보세요.

두 번째 팁은 밥 선택입니다. 흰 쌀밥 대신 현미밥을 곁들이는 게 더 효과적입니다. 현미에는 철새들이 장거리 비행을 할 수 있도록 에너지를 공급하는 옥타코사놀이 들어 있어 피로 해소와 에너지 보충에 효과적입니다. 또한 현미에도 비타민B1이 풍부해 돼지고기와 함께 먹으면 면역력 강화 효과를 배가시킬 수 있습니다.

마지막으로, 이러한 영양소를 영양제 대신 식품으로 섭취하는 것이 왜 중요한지 짚어 보겠습니다. 돼지고기, 마늘, 양파, 현미에는 우리가 언급한 아연, 셀레늄, 비타민B1 외에도 수백 가지 유효 성분이 들어 있습니다. 영양제를 통해 특정 성분만 섭취하는 것보다 다양한 영양소가 조화를 이루는 음식을 통해 섭취하는 것이 흡수에도 좋고 영양 균형에도 좋습니다.

알고 보면 고급 식재료, 돼지기름 '라드'가 사라진 이유는?

볶음밥 하나로 옛날 중국집의 향수를 떠올리신 적 있으신가요? 단순히 파, 계란, 밥만 들어갔는데도 굉장히 특별한 맛이 난다면 바로 라드(Lard), 돼지기름이 그 비밀입니다. 한때 중국요리는 물론 제과제빵에까지 폭넓게 사용되던 라드가 어느 순간부터 식탁에서 사라지기 시작했습니다. 라드의 과거와 현재, 그리고 우리가 잘못 알고 있던 오해를 풀어 보려고 합니다.

라드에 대한 오해는 1989년 발생한 '우지 파동'에서 비롯되었습니다. 당시 라면 제조에 사용된 소기름이 공업용이라는 루머로 퍼지며 동물성 기름 전체에 대한 불신이 커졌습니다. 이후 대중들은 식물성 기름을 더 건강한 대안으로 인식하게 되었고, 라드 역시 차츰 사라지기 시작했습니다. 여기에 더해 식물성 기름에

익숙해진 입맛, 라드의 상대적으로 높은 가격, 그리고 기름이 배수관을 막히게 한다는 번거로움 등이 라드의 퇴출을 가속화시켰죠.

또 많은 이들이 라드를 저렴한 식재료로 오해하지만, 정제된 라드는 고급 재료에 속합니다. 예를 들어, 14kg 라드 한 통의 가격은 약 5만 원, 700ml 제품은 약 12,000원으로 형성되어 있습니다. 이는 동물성 기름 중에서도 고급으로 분류되는 버터와 비교했을 때 비슷하거나 약간 저렴한 수준입니다. 그래서 집에서 라드를 만들어 사용하시는 분들도 많습니다. 방법은 간단한데, 동네 정육점에서 저렴하게 구입한 돼지 비계를 끓여 필터지에 기름을 거르면 가정용 라드를 만들 수 있습니다.

라드는 고소하고 깊은 풍미를 더해 줍니다. 예로부터 중국집의 볶음밥, 짜장면, 해물짬뽕 국물에 사용되던 라드는 중식 감칠

맛의 핵심이었죠. 또한 제과제빵에서도 라드는 풍미를 높이는 역할을 하는데요, 중국의 월병이나 일본 라멘 첨가물에서도 라드를 발견할 수 있습니다. 한국에서는 잘 사용되지 않지만, 튀김 요리나 김치찌개를 볶을 때 한 스푼 넣어 주면 깊고 풍부한 맛을 낼 수 있습니다.

그렇다면 라드가 사라지게 된 원인인 건강 이슈, 과연 사실일까요? 라드는 흔히 트랜스지방의 주범으로 알려진 쇼트닝과는 다른 순수 동물성 기름입니다. 천연 라드에는 트랜스지방이 없으며, 오히려 돼지 지방에는 착한 지방으로 알려진 불포화지방산이 많이 포함되어 있습니다. 또한, 돼지 지방은 비타민D의 훌륭한 공급원으로, 100g당 하루 권장 섭취량의 4배에 달하는 양을 제공합니다. 다행히 최근엔 동물성 지방에 대한 오해가 풀려서 라드가 다시 식재료로서 주목을 받고 있습니다.

오겹살은 원래 삼겹살보다 싸다!
오겹살의 정체는 미박삼겹살

흑돼지 오겹살을 먹다가 돼지털이 불편해 보인다는 이야기를 들은 적이 있으신가요? 오겹살과 삼겹살의 차이, 오겹살에 남아 있는 잔털의 이유, 그리고 오겹살이 삼겹살보다 더 저렴한 이유를 알아보겠습니다.

우리가 익히 알고 있는 삼겹살은 지방과 살코기가 반복되는 층으로 이루어진 부위입니다. 이름은 삼겹살이지만 실제로는 지방과 살코기가 네 겹으로 구성되어 있어 '사겹살'이라는 이름이 더 정확합니다. 하지만 한국 사람들이 숫자 '3'을 선호하고, '4'는 불길하게 여기는 문화 때문에 삼겹살로 이름이 굳어졌다는 이야기가 있습니다.

오겹살은 삼겹살에 껍데기가 추가된 고기입니다. 정확히는 껍데기를 제거하지 않은 삼겹살을 가리키며, 정식 명칭은 미박삼겹살입니다. '미박'은 껍데기를 벗기지 않았다는 뜻이니까 박피(껍데기 제거) 작업이 한 단계 빠진 거죠. 반대로 껍데기를 제거한 삼겹살은 박피삼겹살로 불립니다. 즉 오겹살이라는 이름은 다소 마케팅적 용어에 가깝다고 볼 수 있습니다.

오겹살은 껍데기를 제거하지 않아 추가적인 가공 과정이 필요하지 않습니다. 박피 과정을 거쳐야 하는 삼겹살은 가공 비용이 더 들기 때문에 오겹살보다 비쌀 수밖에 없습니다. 그럼에도 불구하고 오겹살이라는 이름 때문에 삼겹살보다 더 고급스럽게 느껴질 수 있지만, 실제로는 유통가 기준으로 삼겹살이 더 비싼 경우가 많습니다.

오겹살 껍데기에 잔털이 남아 있는 이유는 도축 과정과 관련이 있습니다. 돼지를 도축할 때 뜨거운 물로 털을 제거하는 탕박이라는 방식을 사용합니다. 이 과정을 통해 대부분의 털을 제거하지만, 껍데기에는 작은 모근이나 잔털이 남을 수 있습니다. 백돼지는 털이 흰색이라 잘 보이지 않지만, 흑돼지는 털이 검은색이기 때문에 잔털이 눈에 더 잘 띕니다. 이런 잔털이 미관상으로는 좋지 않을 수 있지만 소화되지 않고 몸 밖으로 배출되므로 건강에는 문제가 없습니다.

결론적으로 오겹살이 좋은지, 삼겹살이 좋은지는 전적으로 취향의 문제입니다. 껍데기의 쫄깃한 식감을 좋아하는 분이라면 오겹살을 선호할 수 있습니다. 다만 잔털이 신경 쓰이는 분들은 오겹살 대신 박피삼겹살을 선택하는 것이 좋습니다. 잔털에 대한 거부감이 없다면 오겹살은 삼겹살보다 저렴하면서도 껍데기의 고소한 풍미를 즐길 수 있는 좋은 선택이 될 수 있습니다.

오겹살이 삼겹살보다 비쌀 이유가 없다는 점, 오겹살에 남은 잔털은 먹어도 문제없다는 점을 기억하셔서 고기를 선택하시길 바랍니다.

항정살 알고 먹자! 항정껍데기살, 두항정, 이게 다 뭐야?

항정살을 좋아하시나요? 이제는 대중적인 돼지고기 부위로 자리 잡았지만, 항정살에 얽힌 이야기들은 아직 잘 알려지지 않은 부분이 많습니다.

많은 분들이 항정살이라는 이름을 익숙하게 받아들이고 있지만, 사실 이 이름은 비교적 최근에 정해졌습니다. 2004년 농림부에서 돼지고기 부위 명칭을 정리하면서 항정살이라는 공식 명칭이 탄생했습니다. 그러니까 항정살이라는 부위는 생긴 지 20년 정도가 된 거죠. 이전에는 지역에 따라 천겹살, 삼겹차돌 등 다양한 이름으로 불렸습니다. 항정살이라는 이름은 돼지와 소의 목덜미 살을 의미하는 순우리말에서 유래했다고 합니다.

위 : 항정살 아래 : 두항정

대부분 항정살이 돼지의 목덜미에만 있다고 생각하지만, 실제로는 그렇지 않습니다. 항정살은 목덜미를 포함해 머리와 앞다리 부위에도 존재합니다. 우리가 일반적으로 먹는 항정살은 목에 붙은 목항정인데 돼지의 목덜미 부분에서 나옵니다. 이걸 일반 항정이라고 부르기도 합니다.

두항정은 머리와 목을 연결하는 부분에서 나오는 항정살로, 목항정보다 상대적으로 저렴합니다. 정육이 아니라 부속물인 머리에서 떼어 낸 부위이기 때문입니다. 모양이나 크기가 일반 항정에 비해 작고 결이 고르지 않지만 맛은 일반 항정 못지않게 고소하고 쫄깃합니다. 한때 두항정을 일반 항정으로 속여 판매해서 문제가 된 사례도 있습니다. 두항정은 인터넷에서 저렴하게 구입할 수 있으니 제 가격에 사 먹는다면 가성비 부위가 될 수 있습니다.

항정살은 돼지의 머리와 목, 그리고 앞다리를 연결하는 부위에 있기 때문에 앞다리(전지)에서도 항정살이 일부 나옵니다. 이걸 항전지라고 하는데 맛은 유사하지만 시중에 잘 팔지 않아 구하기가 어렵습니다.

또 최근에는 항정껍데기살이라는 이름으로 판매되는 제품이 화제가 되고 있습니다. 항정살의 바깥쪽에 붙어 있는 지방과 껍데기 부분을 함께 붙여 판매하는 방식입니다. 원래는 제거되어 버리거나 정리되던 부위였지만, 지방 맛을 선호하는 소비자들이 많아지면서 새로운 이름으로 시장에 나왔습니다. 그러나 이 항정껍데기살은 특별한 부위라기보다는, 기존 항정살에 지방과 껍데기 부분을 제거하지 않은 형태입니다. 지방 섭취를 줄이고 싶은 분들이라면 굳이 항정껍데기살을 선택할 필요는 없을 것 같습니다.

돈까스, 돈가스, 톤카츠?
알면 더 맛있는 돈가스 인강

남녀노소가 사랑하는 돈가스. 그런데 돈가스일까요? 돈까스일까요? 그리고 톤카츠는 또 뭘까요?

우리가 흔히 '돈까스'라고 부르는 음식의 표준어는 사실 '돈가스'입니다. 일본어로는 '톤카츠'인데, 여기서 '톤'은 돼지를 의미하고, '카츠'는 서양 요리의 '커틀렛(Cutlet)'에서 유래한 말입니다. 돼지고기를 튀긴 서양 요리가 일본으로 넘어오면서 '톤카츠'라는 이름이 붙었고, 한국에서는 이를 변형해 '돈까스'로 부르게 됐습니다.

돈가스 이름에 관해 또 다른 이야기를 해 보자면 일본에서는 등심을 '로스', 안심을 '히레'라고 부르죠. '로스'는 영어 단어 'roast'에서 유래했으며, 히레는 'fillet'의 음차입니다. 돈가스에는 이렇듯 영어가 일본식 발음으로 바뀌며 정착된 표현이 많습니다. 돈가스의 원형이 서양의 커틀렛이기 때문입니다.

커틀렛은 프랑스, 이탈리아, 오스트리아 등 다양한 나라에서 유래했다는 설이 있는데, 돼지고기뿐만 아니라 소고기, 닭고기, 양고기를 사용해 빵가루를 묻혀 튀기거나 구워 내는 요리입니다. 일본에서는 돼지고기를 주재료로 삼아 이를 현지화한 후 '톤카츠'라는 이름으로 발전시켰습니다.

현재 우리가 아는 일본식 돈가스는 1905년 도쿄 우에노의 '톤카츠폰다'라는 가게에서 시작된 것으로 알려져 있습니다. 창립자인 시마다 신지로가 일본인의 입맛에 맞게 양배추와 밥을 곁들인 스타일로 돈가스를 선보였고, 이것이 일본식 돈가스의 시초가 되었습니다.

한국에 돈가스가 들어온 건 일제강점기 때입니다. 일제 시절 경양식 집에서 포크커틀렛을 판매하다 대중음식으로 정착했는데, 그 과정에서 한국식 돈가스만의 특징이 생겨나게 되었습니다. 망치로 두드려 펴서 얇게 튀기는 방식이 일본식 돈가스와의 가장 잘 알려진 차이점이죠. 또 일식 돈가스는 등심, 안심, 또 등심덧살이 붙은 특등심까지 부위가 나뉘어져 있는 반면 한국의 경양식 돈가스는 일괄적으로 등심을 사용합니다.

또 돈가스에 절대 빠질 수 없는 돈가스소스에 대해 이야기해 볼까요? 돈가스소스는 19세기 영국에서 만들어진 '우스터소스(Worcester Sauce)'를 기반으로 합니다. 우스터소스는 식초, 설탕, 소금, 양파, 마늘, 멸치 등으로 만들어지며, 돈가스소스는 여기에 토마토, 과일, 버터, 육수를 추가해 더욱 달콤하고 부드럽게 변형됐죠. 한국 경양식 돈가스소스도 이 우스터소스를 베이스로 두고 있지만 주로 돈가스 위에 끼얹어서 먹는 만큼 시큼한 맛을 줄이고 부드러운 스타일로 변형한 맛이 일반적입니다.

돈가스는 단순해 보이지만 요리하는 사람의 창의성에 따라 굉장히 넓은 범주로 변형이 가능한 음식이기도 합니다. 일본에서는 흑돼지, 재래종 돼지 등 다양한 품종을 사용한 돈가스가 나오는데 최근 한국에서도 지리산 흑돼지를 사용한 돈가스를 선보이는 집이 생겨났습니다. 튀기는 방식, 곁들이는 사이드의 구성에 따라 완전히 다른 음식이 되기도 하는 돈가스. 여기에 깊은 역사 이야기까지 어우러지니 돈가스의 매력은 정말 끝이 없죠?

돈가스 상로스, 상등심, 특등심 도대체 어떤 부위일까?

돈가스를 주문할 때 '상로스'나 '상등심', '특등심' 같은 이름을 본 적이 있으신가요? 일본식 돈가스 가게에서 흔히 사용되는 표현이지만, 이 명칭들이 정확히 어떤 부위를 가리키는지 잘 모르는 분들이 많습니다.

우선 '상'은 일본어로 '죠(上)'라고 발음하며, '상급' 또는 '최고급'이라는 의미를 담고 있습니다. 예를 들어, 일본 요리에서 '죠우나기(상급 장어)'라는 표현처럼, 돈가스에서도 고급스러운 부위를 강조하기 위해 '상'이라는 말을 붙입니다. 그러나 상로스가 단순히 등급을 나타내는 것은 아닙니다.

서두에 언급한 '상로스', '상등심', '특등심'은 같은 메뉴를 일컫

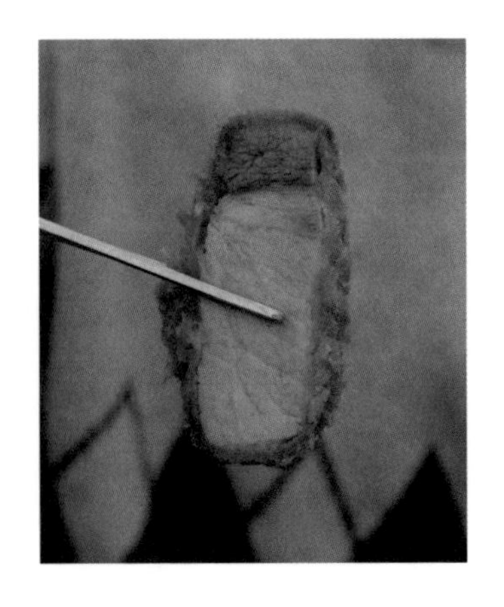

는데, 일반적인 등심에 등심 덧살, 즉 가브리살을 붙여 튀긴 돈가스를 말합니다. 가브리살은 돼지 등심의 윗부분에 덧붙은 살코기 부위로, 구이용 돼지고기 중에서 단가가 가장 높습니다. 돼지 한 마리에 400g 내외로 나오는 특수 부위거든요. 이렇다 보니 가게에서는 주로 한정 수량으로 판매합니다. 상등심은 고기 등급이나 품질이 더 높은 돈가스가 아니라 가브리살이 붙은 등심 돈가스라는 점을 기억해 두세요.

여기서 주의해야 할 부분이 있는데 간혹 등심 위에 등지방을 두툼하게 붙여서 상등심으로 파는 가게가 있다는 겁니다. 한국식 돈가스는 돼지고기 등심에 지방을 깔끔히 제거하고 얇게 펴서 사용하지만 일본에는 등심 위에 지방을 붙여 튀기기도 합니다.

등지방은 결이 단단하고면서도 맛이 좋기 때문에 등심에 붙여서 튀기면 고기의 육즙도 살아나도 풍미도 좋아집니다. 그래서 일본에서는 등지방이 붙은 등심카츠를 심심치 않게 볼 수 있죠. 하지만 가브리살 없이 등지방만 붙여서 특등심으로 판다면 그건 제대로 된 메뉴가 아닙니다.

제대로 된 상등심은 등심, 등지방, 가브리살 이렇게 3단 구성이 명확하게 보입니다. 가브리살은 등심에 비해 육색이 짙어 색으로 확실히 구분할 수 있으니 꼭 참고해 두세요!

돈가스샌드위치(카츠산도)는 누가 만들었을까?

돈가스샌드위치, 이른바 카츠산도에 대해 들어 보신 적 있으신가요? 빵 사이에 부드러운 돈가스를 끼워 넣은 이 간편하고 독특한 음식은 요즘 이자카야나 고급 식당의 별식으로도 자주 등장하고 있습니다. 그렇다면 이 돈가스샌드위치, 과연 누가 만들었을까요?

카츠산도는 일본 도쿄의 우에노에 위치한 이센(井泉)이라는 가게에서 처음 만들어졌다고 합니다. 1930년에 문을 연 이센은 당시 일본에서 서양식 요리가 점차 자리 잡던 시기에 돈가스를 선보였고, 특히 '젓가락으로도 잘리는 부드러운 돈가스'로 유명해졌습니다.

이 음식이 탄생하게 된 배경에는 재미있는 사연이 있습니다. 당

시 우에노 지역은 유흥가와 가까웠고, 이센에는 게이샤 손님이 많았다고 합니다. 게이샤들은 정성스럽게 한 화장을 유지해야 했는데, 돈가스를 칼로 썰어 먹다가 소스가 묻거나 화장이 망가질까 염려했다는 거죠. 이를 본 이센의 여주인은 서양식 식사를 즐기던 자신의 경험에서 힌트를 얻어 돈가스를 식빵 사이에 끼운 샌드위치를 고안했다고 합니다.

카츠산도의 크기가 작아 한 입에 먹기 편한 이유도 게이샤 손님들의 편의를 위해서였습니다. 크고 두꺼운 돈가스를 작고 얇게 잘라 샌드위치로 만들면 입을 크게 벌리지 않아도 깔끔하게 먹을 수 있었죠. 한 입에 쏙 들어오는 재미와 부드러운 빵과 바삭한 돈가스의 조합 때문에 카츠산도는 더 널리 퍼지게 되었습니다.

이센의 카츠산도는 돼지고기의 등심이 아닌 안심을 사용합니다. 안심은 지방 함량이 적고 부드러워 샌드위치로 만들었을 때

쉽게 이로 잘라 먹을 수 있고 맛도 깔끔하기 때문입니다. 일본에서는 안심 돈가스를 사용하는 카츠산도가 일반적이며 이 부분이 한국 카츠산도와의 차이점입니다.

그럼 카츠산도를 만든 이센은 어떤 가게일까요? 1930년에 창업해 약 90년 역사를 가지고 있는 도쿄의 명소로, 본점에서 카츠산도를 맛볼 수 있습니다. 또한, 카츠산도 외에도 게살샌드위치와 돼지고기미소시루(톤지루)도 인기 메뉴로 추천할 만합니다.

카츠산도는 단순히 돈가스를 빵 사이에 끼운 음식이 아니라 게이샤들의 불편함을 해소하면서 탄생한 음식입니다. 마치 오므라이스가 환자를 배려해 환자식으로 탄생한 것처럼, 좋은 음식은 종종 따뜻한 마음과 배려에서 시작됩니다.

돈가스 샌드위치의 맛을 더욱 돋보이게 하려면 기름을 잘 빼서 빵이 눅눅해지지 않도록 하고, 빵과 식감이 어우러지도록 적당히 바삭한 돈가스를 사용하는 것이 중요합니다. 생각보다 많은 정성과 노력이 들어가는 음식이라는 점도 카츠산도의 매력이라고 할 수 있겠네요.

옛날 삼겹살, 같은 냉동 삼겹살보다 더 비쌀 이유가 있을까?

삼겹살은 익숙한 고기지만, 최근 "옛날 삼겹살"이나 "복고 삼겹살"이라는 이름으로 판매되는 제품들이 눈에 띕니다. 그런데 이런 옛날 삼겹살이 과연 기존 냉동 삼겹살보다 비싼 이유는 무엇일까요? 정말 더 비쌀 가치가 있는 걸까요?

옛날 삼겹살이란 단순히 복고풍 이름으로 마케팅한 삼겹살입니다. 과거 1980~1990년대에 흔히 먹었던 냉동 삼겹살 스타일을 재현한 것으로, 얇게 썰려 있는 것이 특징입니다. 두께는 보통 0.5mm에서 0.7mm 정도로, 우리가 흔히 "냉삼"이라고 부르는 고기와 동일한 형태입니다.

냉동 옛날 삼겹살이 비싼 건 고기 질 자체가 더 좋아서라기보단 주로 마케팅과 트렌드의 영향이라고 보는 편이 맞습니다. "옛

날"이라는 이름이 주는 향수와 복고풍 유행이 가격에 영향을 준 거죠. 고기 질 자체만 봤을 땐 가격이 특별히 비쌀 이유가 없는 게 사실입니다.

우선 냉동 삼겹살은 부위별로 혼합되어 판매되기 때문에 삼겹살 중 어떤 부위가 들어가 있는지 알기 어렵습니다. 고기 결이 거칠고 고소한 맛이 떨어지는 미추리 부위나 상대적으로 질이 낮은 부분이 대량으로 섞여 있을 수 있는 거죠. 반면, 얇게 슬라이스되어 있고 그 위에 포장까지 되어 있으면 소비자는 어떤 삼겹살이 들어 있는지 알기가 어렵습니다.

또 일부 옛날 삼겹살 제품은 오겹살(미박삼겹살)을 포함할 수 있습니다. 삼겹살보다 가격이 저렴한 오겹살을 섞어 놓고 "옛날" 이라는 이름으로 더 비싸게 판매하게 되는 건데 소비자에겐 손해입니다. 냉동하는 과정과 얇게 써는 과정에서 공정 비용이 추가

된 부분은 이해가 가지만 그렇다고 해서 일반 냉동 삼겹살과 가격이 너무 큰 폭으로 차이 나는 건 마케팅 비용으로 해석할 수밖에 없는 거죠.

그럼 냉동 삼겹살을 선택할 때 어떤 부분들을 고려해야 할까요? 첫째로 제품 설명을 꼼꼼히 확인해야 합니다. 제품에 "오겹살 포함" 여부가 기재되어 있는지 확인하는 것이 중요합니다. 그렇지 않으면 삼겹살보다 지방 함량이 높고 식감이 다른 고기를 구매하게 될 수 있습니다.

둘째로 오돌뼈가 많이 보이는지 확인해 보세요. 오돌뼈가 있다는 건 삼겹살 중 미추리가 아닌 갈비 부분이 들어갔다는 이야기입니다. 삼겹살 중 가장 맛있는 부위죠. 또 지방이 과도하게 섞이지는 않았는지 꼭 확인해 봐야 합니다.

결론적으로 옛날 삼겹살이라는 이름은 그 자체로 특별한 품질을 보장하지 않습니다. 단지 복고풍 트렌드와 마케팅 요소가 더해졌을 뿐, 일반 냉동 삼겹살과 비교해 가격이 더 비싼 이유를 명확히 설명하기는 어렵습니다. 따라서 냉동 삼겹살을 구매할 때는 이름에 현혹되지 말고, 구체적인 설명과 품질을 기준으로 선택하시길 권장합니다.

갓 잡은 돼지고기의 진실

여러분은 혹시 갓 잡은 돼지고기를 먹으면 정말 맛있을 것 같다는 환상을 가지신 적 있으신가요? 이번엔 초신선 돼지고기에 대해 알아보려 합니다.

먼저, 초신선 돼지고기라는 말부터 짚어 보겠습니다. 초신선육은 도축 후 3~4일 이내의 고기를 뜻합니다. 여기서 중요한 점은, 이 초신선육도 이미 사후강직이 풀린 상태로 숙성이 시작된 고기라는 사실입니다. 갓 잡은 돼지고기, 즉 도축된 지 24시간 이내의 고기는 사후강직 상태에 있어 질기고, 구이용으로는 적합하지 않다는 것이 전문가들의 공통된 의견입니다.

그럼 도축 후 하루가 지난 돼지고기는 맛이 어떨까요? 미트러버 방송에서 육가공 업체의 도움을 받아 도축한 지 만 하루가 지난 돼지고기를 먹어 봤는데요, 목살과 삼겹살 모두 단단하고 감칠맛이 덜하며, 지방의 풍미가 고르게 퍼지지 않았습니다. 반면, 비교해서 먹어 본 열흘 동안 숙성된 고기는 부드럽고 풍미가 훨씬 깊었죠. 신선한 돼지고기가 맛있을 거라는 기대와는 달리 숙성된 고기가 훨씬 맛이 좋았습니다. 전문가들은 10일 정도 숙성된 돼지고기를 가장 이상적인 상태로 봅니다.

맛과 별개로 갓 잡은 돼지고기를 먹는 건 현실적으로 어렵기도 합니다. 축산물 위생관리법에 따르면, 도축된 돼지고기는 심부 온도가 10도 이하로 떨어져야 반출이 가능합니다. 따라서 도축 후 바로 먹는다는 것은 현실에서는 불가능에 가깝습니다.

결론적으로 고기의 숙성도는 개인의 취향에 따라 선호도가 다르지만, 갓 잡은 돼지고기라는 환상은 구이 문화와는 다소 거리가 멀다는 점 기억해 두세요.

당신이 고른 목살이 맛없는 이유

삼겹살과 함께 돼지고기의 대표적인 부위로 꼽히는 목살. 그런데 '목살은 왜 언젠 맛있고 언젠 퍽퍽하지?'라는 생각 해 보신 적 있으신가요? 이건 같은 목살이라도 어느 부분이냐에 따라 맛의 차이가 크기 때문입니다.

목살은 돼지의 머리와 등심 사이에 있는 부위로 한 마리에 4kg 내외로 나옵니다. 머리쪽에 가까운 목살이냐, 등심 쪽에 가까운 목살이냐에 따라 목살의 맛과 식감이 달라집니다. 이걸 세 부분으로 나눠서 이야기해 보겠습니다.

목살 중에서도 머리 쪽에 가장 가까운 부분을 꽃목살 혹은 알목살이라고 하는데 근육이 여러갈래로 나뉘어져 있고 사이사이

에 지방(근간지방)이 촘촘히 들어가 있습니다. 그래서 식감이 탱글탱글하고 고소한 감칠맛이 느껴지죠. 꽃목살은 삼겹살보다도 맛있다고 느낄 정도로 품질이 훌륭합니다. 돼지고기 전문점에서는 이 부분을 따로 메뉴화해서 더 비싼 가격에 팔기도 합니다.

목살의 가운데 부분은 단일 근육인 배쪽톱니근이 커지면서 근간지방이 적어지고 살코기 비율이 높아집니다. 배쪽톱니근은 소로 따지면 살치살인데 소에서는 고급 부위이지만 돼지에서는 아닙니다. 이 부위는 여전히 부드럽긴 하지만, 머리에 가장 가까운 맨 앞쪽에 비해 맛이 약간 떨어질 수 있습니다.

문제는 등심과 가까운 뒷부분입니다. 이 부분에는 최장근이라고 하는 근육이 커지는데 이 최장근이 바로 등심입니다. 등심은 돈가스나 탕수육용으로 사용하기 더 적합한 부위라 구이로 먹었을 때 퍽퍽하고 기름진 맛이 없습니다. 만약 목살을 샀는데 이 등심 부분이 많이 포함되었다면 우리가 알던 목살 구이의 맛은 기대하기 어렵겠죠.

대형 마트에서는 목살을 부위별로 구분하지 않고 혼합 포장하는 경우가 많습니다. 알목살과 등심에 가까운 목살은 단면만 봐도 차이가 확실하기 때문에 꼼꼼히 살펴본다면 알목살이 많이 들어 있는 팩을 고를 수 있습니다.

단골 확보가 중요한 정육점에서는 등심에 가까운 부분을 따로 분리해 제육용으로 저렴하게 판매하는 경우가 많습니다. 믿을 만한 정육점을 찾아가면 더 좋은 품질의 목살을 고를 확률이 높아집니다. 다음에 목살을 구매할 때는 부분별 특징을 잘 기억해서 꼭 맛있는 목살을 고르세요!

삼겹살을 가로로 썰면 맛이 다를까?

삼겹살은 보통 길쭉한 모양으로 썰어 나오죠. 이 방식은 고기의 결을 반대로 썰어 낸 것으로, 정육업계에서는 이를 "결 반대로 썰었다"라고 표현합니다. 결 반대로 썰면 고기가 더 부드럽고, 결대로 썰면 쫄깃한 식감이 살아납니다. 그렇다면, 삼겹살을 결대로 가로로 썰면 어떤 차이가 있을까요?

실제로 비교해 보면 크진 않아도 식감의 차이가 느껴집니다. 결대로 썬 삼겹살은 조금 더 쫄깃한 씹는 맛이 살아 있지만, 시중에서 이런 방식으로 썬 삼겹살을 보기 어려운 이유가 있습니다. 가로로 썰면 지방이 뭉쳐 있는 부분이나 오돌뼈가 한곳에 몰려 손질이 더 까다로워지고, 버려지는 부분도 늘어나기 때문입니다.

또, 삼겹살의 갈비 쪽 살처럼 맛있는 부분이 한 조각에 몰리게 되어, 손님에게 고기를 나눠 줄 때 형평성 문제가 생긴다고 합니다.

이 문제는 마치 김밥을 가로로 썬다고 상상해 보면 쉽게 이해됩니다. 세로로 썰면 햄, 단무지, 오이가 골고루 들어 있지만, 가로로 썰면 누군가 오이만 가져가야 하는 상황처럼 말이죠. 삼겹살도 비슷한 이유로 대부분 결 반대로 길쭉하게 썰어 판매됩니다.

결대로 썬 삼겹살이 궁금하다면 수육용 삼겹살처럼 최대한 두툼하게 썬 다음 세로 방향으로 한 번 더 썰어 내면 한 입 크기의 결대로 썬 삼겹살이 완성됩니다. 일반 정육점이나 마트에서는 결대로 썬 삼겹살을 보기 힘드니 궁금하시다면 이런 방법으로 드셔보실 수 있습니다.

뼈까지 씹어 먹는 한국인

포장마차에서 안주로 판매하는 오돌뼈가 정확히 어떤 부위에서 나오는지 알고 계신가요? 아마 많은 분들이 삼겹살 먹을 때 나오는 그 오돌뼈라고 알고 계실 텐데요, 사실 우리가 먹는 오돌뼈에는 두 종류가 있습니다. 하나는 삼겹살에서 나오는 삼겹 오돌뼈, 또 하나는 돼지 앞다리의 견갑골에 붙은 견갑 오돌뼈입니다.

삼겹 오돌뼈는 작고 동그란 모양으로 여러 개가 연달아 붙어 있습니다. 이 부위는 단단해서 그냥 먹기는 어렵고 보통 연육기로 잘게 다져 사용합니다. 갈빗살이 함께 붙어 있는 경우가 많아 숯불구이로 즐기기에 적합합니다. 반면, 견갑 오돌뼈는 삼겹 오돌뼈보다 크기가 크고, 한 덩어리씩 나옵니다. 이 부위는 상대적

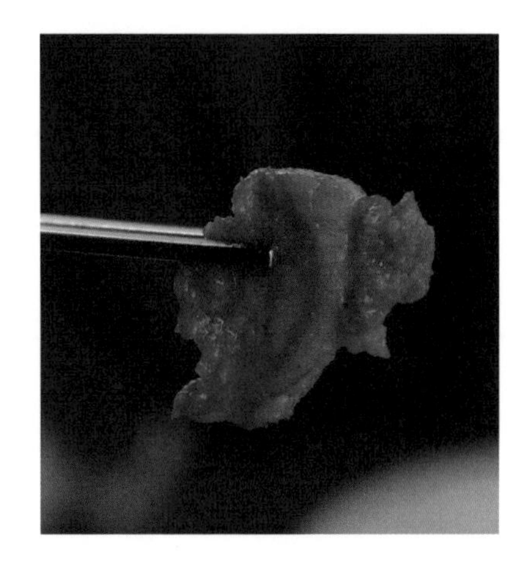

으로 부드러워 연육 과정을 거치지 않아도 얇게 썰어 볶음 요리로 활용하기 좋습니다.

포장마차에서 흔히 볼 수 있는 오돌뼈볶음은 대부분 견갑 오돌뼈로 만듭니다. 이 부위는 적당히 부드럽고 오돌오돌한 식감이 살아 있어 비교적 치아에 부담이 덜합니다. 하지만 애초에 뼈 두께가 얇고 약간의 앞다리살이 붙어 있기 때문에 고기를 먹을 때와 같은 만족감보다는 식감의 재미와 양념 맛으로 먹는다고 생각하는 게 좋습니다.

살 뺄 때 구이 vs 수육, 뭐가 더 나을까?

혹시 살찔까 봐 고기를 물에 삶아 드시나요? 사실, 굳이 그럴 필요가 없을지도 모릅니다. 삼겹살을 굽는 것과 삶는 것, 과연 어떤 차이가 있을까요? 같은 삼겹살을 각각 구이와 수육으로 조리해 무게를 비교해 보면 중량이 거의 비슷하다고 합니다. 여기서 빠진 무게는 기름과 수분이예요.

물에 삶으면 기름이 쫙 빠진다는 이야기가 있지만, 실제로는 구이에서도 상당량의 기름이 제거됩니다. 구운 삼겹살은 겉에 기름이 번들거려 칼로리가 더 높아 보일 수도 있지만, 기름이 빠지는 양은 조리 방식에 따라 큰 차이가 없다고 해요. 오히려 얼마나 얇게 썰어 바짝 굽느냐, 어떤 도구를 사용해 굽느냐에 따라 더 많은 기름을 제거할 수 있습니다.

실제로 한국식품연구원의 조사에 따르면 구운 삼겹살과 삶은 삼겹살의 지방 함량은 100g당 각각 30.2g과 30.8g으로 오히려 삶은 삼겹살의 지방함량이 약간 더 높았습니다. 결국, 다이어트를 위해 꼭 물에 삶은 고기를 고집할 필요는 없다는 거죠. 그러니까 기왕 삼겹살을 먹을 거면 조금이라도 더 맛있게 먹을 수 있도록 개인의 선호에 따라 조리 방법을 선택하세요.

왕목살의 진실

'왕목살'이라는 이름을 들으면 크고 좋은 목살이라고 생각하셨나요? 그렇다면 조금 속으셨을지도 모릅니다. 온라인에서 목살을 검색하다 보면 종종 보이는 왕목살은 사실 목살이 아니라 목전지입인데 목살과 앞다릿살을 함께 붙여 정형한 부위입니다. 단면이 일반 목살보다 크기 때문에 '왕목살'이라는 이름이 붙은 거죠.

원물을 보면 어느 부분이 목살이고, 어느 부분이 앞다릿살인지 쉽게 알 수 있습니다. 목전지는 한국에서는 없는 정형 방식이라 대부분 수입산이고 냉동 제품입니다. 목전지가 가성비 면에서 굉장히 좋은데 이유는 목살이 포함되어 있으면서도 앞다릿살보다 저렴하기 때문입니다. 적당한 육즙과 씹는 맛에 더해 가격이 저렴하기까지 해 무한리필 고깃집의 필수 재료죠.

특히 알목살이 붙은 목전지를 고르면 더 맛있는 고기를 저렴하게 즐길 수 있습니다. 알목살은 머리와 가까운 쪽의 목살이기 때문에 등심에 가까운 목살보다 훨씬 쫄깃하고 고소합니다. 좋은 목살이 붙은 왕목살을 잘 고르면 저렴한 가격에 맛있는 고기를 즐길 수 있습니다. 왕목살이라는 독특한 이름에 속아서 비싸게 사지만 않는다면 가격과 활용도가 좋은 고기이니 기억해 두세요.

은근슬쩍 특수부위가 된 뒷고기?

여러분은 돼지고기 뒷고기를 좋아하시나요? 뒷고기 전문점에 가면 '도축업자들이 너무 맛있어서 뒤로 몰래 빼돌려 먹던 고기'라며 마케팅하는 문구를 흔히 볼 수 있는데요, 과연 이 이야기가 얼마나 사실일까요?

뒷고기는 정확히 말하면 돼지의 머리 부위입니다. 흔히 돈두라고도 불리며, 돼지의 머리는 식육이 아니라 부속물로 분류됩니다. 이 때문에 삼겹살이나 항정살처럼 법적으로 정해진 이름 대신, '황제살', '덜미살', '꼬들살' 같은 이름으로 판매되곤 합니다. 황제살과 덜미살, 이름만 들으면 뭔가 고급스럽고 귀한 부위처럼 들립니다. 게다가 '최상급 별미'나 '작게 숨어 있는 보물' 같은 문구로 설명되어 있다 보니 삼겹살보다 더 비싸게 파는 것도 어쩌

면 당연하게 느껴질 수 있습니다. 하지만 이 부위는 소량만 나오기 때문에 희소하긴 해도 실제로는 순댓국이나 편육처럼 서민 음식의 재료로 오랫동안 사용됐습니다.

식품의약품안전처의 고시에 따르면 돼지고기 부위는 7개의 대분할과 22개의 소분할로 법적으로 명확히 구분됩니다. 삼겹살, 목살, 항정살처럼 우리에게 익숙한 이름들도 모두 여기에 속하죠. 그런데 황제살과 덜미살은 이 분류에 포함되지 않습니다. 그 이유는 간단합니다. 이 두 부위는 법적 명칭이 아니라 마케팅 용어이기 때문입니다.

서두에 언급했던 '고기를 잘 아는 사람들이 몰래 먹던 특수부위'라는 이미지는 소비자의 호기심을 자극하기 위한 과장된 표현일 가능성이 큽니다. 축산물품질평가원에서도 '뒷고기는 자투리 고기에서 유래되었다'라는 의견을 내놓은 바 있습니다. 이처럼 뒷고기는 돼지머리에서 추출된 여러 부위를 모아 판매하는 경우가 많아, 특정 부위의 이름을 붙이기 어렵습니다.

그렇다면 뒷고기가 과연 특수부위라고 불릴 만큼 특별한 고기일까요? 삼겹살이나 목살보다 특별히 고급스러운 맛을 지녔다고 보기는 어렵습니다. 예를 들어, 두항정이라고도 불리는 황제살은 항정살과 비슷한 식감을 가지고 있습니다. 덜미살 역시 목살과 유사한 형태와 맛을 지녔죠. 머리 부위이기 때문에 정육보다 쫄깃할 수 있지만 근내지방인 마블링은 조금 부족합니다. 돼지머리는 도축 후 별다른 이력표시 없이 유통되기 때문에 삼겹살이나 목살보다 신선도 관리가 까다롭다는 점도 생각해봐야 합니다.

뒷고기는 적합한 가격에 판매된다면 소비자들에게 매력적인 선택지가 될 수 있지만, 문제는 이 뒷고기를 프리미엄화해서 비싸게 파는 가게들이 있다는 겁니다. 과거 뒷고기는 돼지머리 일부로 저렴한 고기라는 인식이 강했습니다. 그러나 최근에는 삼겹살과 비슷하거나 더 비싼 가격으로 판매되는 예도 있습니다. 정직하게 '뒷고기'로 판매하는 업체에서는 100g당 2,400원 선에서 구매할 수 있지만, 프리미엄화를 내세운 제품은 같은 양에 3,000원이 넘는 경우도 많습니다.

값싸고 흔한 부위였던 돼지머리를 '특수부위'로 포장하여 소비자들이 높은 가격에 구매하도록 유도하는 것은 적절하지 않겠죠. 실제로, 순댓국 같은 음식의 재료로 사용되는 돼지머리가 점점 비싸진다면, 서민 음식의 가격 인상으로 이어질 가능성도 있습니다. 매일 소비하는 고기이니만큼 이름값에 속지 않고 합리적으로 선택하는 것이 중요합니다.

알고 먹으면 두 배는 더 맛있는 갈매기살 이야기

이름부터 독특한 돼지 '갈매기살', 간혹 어릴 때는 이게 정말 갈매기 고기인 줄 알았다는 분들도 종종 있는데요, 이번엔 돼지고기 특수부위 중 하나인 갈매기살에 대해 알아보겠습니다. 왜 이런 이름이 붙었을까요?

갈매기살은 횡경막 근육에서 나오는 부위입니다. 이 부위를 '가로막살'이라고도 부르는데, 이 이름이 변형되어 '갈매기살'이 되었다는 설이 가장 유력합니다. 국문학 교수님의 설명에 따르면, '가로막살'이 '가로막이살'을 거쳐 발음 변화로 '갈매기살'로 굳어졌다고 합니다.

갈매기살은 돼지의 허파 아래 횡경막에 위치해 호흡을 도와

주는 근육입니다. 소로 따지면 안창살과 같은 역할을 하는 부위죠. 내장과 가까워 육향이 진하고 철분 함량이 높아 육색도 붉은 편이에요. 때문에 일반 정육보다 신선도 관리가 조금 더 까다롭습니다. 내장과 살코기의 장점을 모두 가진 부위라서 쫄깃하고 담백하면서도 부드러운 식감을 자랑합니다. 하지만 물량이 많지 않아 특수부위로 분류되며 가격이 약간 높습니다. 한 마리당 300~400g 정도밖에 나오지 않으니 귀한 부위인 셈이죠.

갈매기살은 독특한 향과 맛 덕분에 호불호가 갈리기도 합니다. 하지만 '종로 갈매기 골목' 같은 옛 분위기나 노포의 정취를 즐기며 찾는 분들에게는 그야말로 소울푸드입니다. 갈매기살 골목의 시초는 의외로 성남의 여수동 여술마을이라는 주장도 있습니다. 1970년대 도축장에서 나온 갈매기살을 저렴하게 판매하던 가게들이 모여 형성된 골목이었죠. 당시에는 돼지고기 품질이 지금처럼 좋지 않았고, 내장 근육은 변질이 빠르다 보니 신선한 맛을 위해 도축장 근처에서 주로 소비되었습니다.

그렇다면 갈매기살은 어떻게 하면 더 맛있게 먹을 수 있을까요? 고깃집에서 일하는 분들은 "갈매기살은 근막을 너무 많이 제거하지 말고 통으로 구워야 고유의 향과 식감이 살아난다. 구울 때는 고온에서 겉면을 바짝 익히고, 과하게 익히지 않아야 쫄깃한 식감을 즐길 수 있다"고 이야기 합니다. 또한, 연탄불에 구운 갈매기살이 특별히 맛있다는 이야기도 있습니다. 연탄불은 고온을 오래 유지하고, 특유의 향을 고기에 입혀 육즙을 가둬 주기 때문에 어르신들 사이에서는 연탄불에서 구운 갈매기살이 최고의 맛이라는 평가를 받습니다.

좋은 갈매기살 집을 고르는 법도 간단합니다. 갈매기살을 주력 메뉴로 내세우는 집을 찾으세요. 그리고 양념육을 팔지 않는 곳이라면 더 신뢰할 만합니다. 양념으로 잡내를 가릴 필요가 없는, 신선한 고기를 다룬다는 자신감의 표현이니까요.

PART 03

가금류 및 기타 고기

토종닭은 없다? 그럼 우리가 계곡에서 먹은 건 뭐야?

계곡에서 맛보는 토종닭 백숙은 왠지 건강한 기운과 전통의 맛이 함께 느껴지곤 합니다. 하지만 우리가 흔히 먹는 이 '토종닭'의 정체는 조금 다릅니다. 조금 배신감이 들 수 있지만 조선시대부터 내려온 순수한 토종닭은 지금 거의 존재하지 않습니다. 대부분의 재래종이 그렇듯 토종닭 역시 성장 속도가 상당히 느립니다. 일제강점기와 6.25전쟁을 거치며, 성장 속도가 느린 토종닭은 한 달 만에 출하할 수 있는 외래종 닭들에게 밀렸습니다. 옛 토종닭은 키우는 데 1년 이상 걸렸지만, 외래종은 훨씬 짧은 시간 안에 키울 수 있기에 경쟁에서 살아남을 수 없었던 거죠.

지금 우리가 시장이나 식당에서 만나는 대부분의 토종닭은 사실 외래종 닭이 토착화된 경우입니다. 한국에서 7대 이상 길러진

외래종 닭은 토종닭으로 인정받을 수 있기 때문에 우리가 만나는 '토종닭'이라는 이름의 닭은 이 기준에 부합하는 경우가 대부분입니다. 심지어 어떤 백숙집에서는 방사닭을 토종닭이라 부르기도 하는데, 실제로 전통적인 토종닭을 시중에서 먹을 일은 거의 없다고 보는 게 맞습니다.

그렇다면 진짜 토종닭은 완전히 사라진 것일까요? 그렇지는 않습니다. 농촌진흥청과 여러 연구기관이 전통 토종닭을 복원하기 위해 꾸준히 노력해 왔습니다. 민화 속 닭의 모습을 참고하고 북한이나 외딴섬에서 발견된 닭들을 연구해 유전자를 복원한 결과, '우리맛닭' 같은 복원 토종닭이 탄생했습니다.

현재 인증된 복원 토종닭 브랜드는 하복농장(구미), 소래영농종합법인(파주), 화순우리맛닭영농조합법인(화순), 상수리숲농장(안성), 복전농장(제주) 등이 있습니다. 그러나 이 닭들은 일반적으로 접하기 어렵습니다.

장모님은 왜 씨암탉을 잡아 주고 생색을 냈을까?

옛날부터 드라마나 소설 속에서 사위를 특별히 대접하기 위해 장모님이 씨암탉을 잡는다는 이야기가 많이 등장했습니다. 이런 장면은 정성과 헌신의 상징처럼 느껴지지만, 과연 씨암탉이 그렇게 특별한 음식일까요?

우리가 오늘날 쉽게 접하는 닭은 공장식 사육 환경에서 길러진 양계 닭입니다. 약 30일 만에 빠르게 성장해 출하되는 이 닭들은 크기와 품질이 일정하고, 대량 생산 덕분에 가격도 저렴합니다. 하지만 과거 장모님이 씨암탉을 언급하던 시절, 닭은 이와는 전혀 다른 방식으로 길러졌습니다.

과거의 닭은 대부분 방사 닭으로, 자유롭게 뛰어놀며 자랐습니다. 운동량이 많다 보니 살이 덜 찌고, 사육 환경도 까다로워 죽는 경우가 많았습니다. 게다가 최소 6개월 이상 길러야만 먹을 수 있을 만큼 살이 붙고 알을 낳았습니다.

씨암탉은 단순히 나이 든 암탉을 의미하지 않습니다. 알을 낳는 닭 중에서도 오래 길러 살이 붙고 풍미가 깊어진 닭을 씨암탉이라고 불렀습니다. 당시에는 가축 하나하나가 귀한 재산이었기에, 씨암탉을 잡는다는 건 가족의 생계 수단 일부를 포기하는 결단에 가까웠습니다. 특히 씨암탉을 잡는다는 건 사위를 매우 특별하게 대접하겠다는 의지와 정성을 보여 주는 일이었습니다. 그래서 씨암탉은 단순한 음식 이상의 상징적 의미를 가졌던 거죠.

미트러버 방송에서 씨암탉의 맛을 제대로 경험하기 위해 강원도 양양에서 8개월(250일) 이상 방사해 기른 토종닭을 주문해 직접 먹어 봤는데요, 이 닭은 한국토종닭협회에서 인증받은 품종으로, 한 마리에 무려 38,000원이었습니다. 일반적으로 우리가 먹는 10호 닭(1kg)보다 크지만, 그래도 1.5kg 정도로 지나치게 크지는 않았습니다. 이 닭을 백숙으로 조리해 먹어 보니 풍미가 진하고 쫀득한 식감이 돋보였습니다. 장모님이 사위를 위해 씨암탉을 잡아 줬다는 말이 납득될 만큼, 손님을 정성껏 대접하기에 적합한 맛이었습니다.

오늘날 계곡에서 흔히 먹는 '토종닭 백숙'도 씨암탉이라고 불리곤 하지만, 과연 이 닭들이 몇 개월 동안 길러졌고, 어떤 사육 과정을 거쳤는지는 알기 어렵습니다. 장모님의 씨암탉이 지녔던 특별한 의미와 가치는, 이제 사라진 과거의 이야기일지도 모릅니다. 하지만 씨암탉을 대접하던 마음만은 여전히 이어져 내려오고 있는 것 같네요.

사위한테는 씨암탉을 줬지만,
남편에게는 장닭을 줍니다!

옛날 사람들은 복날이 되면 "복달임 하셨습니까?"라고 인사하며 고기 국물로 더위를 이겨 내곤 했습니다. 이 복달임이라는 말은 복날에 고기와 국을 먹으며 더위를 달랜다는 의미로, 초복, 중복, 말복을 관통하며 여름철에 꼭 챙기는 전통이었습니다. 지금도 삼계탕 한 그릇 먹었냐는 인사가 한국인의 일상에 자연스럽게 녹아들어 있죠. 요즘은 삼계탕 대신 장어, 전복 같은 해산물을 찾는 사람들도 있고, 치맥으로 복달임을 대체하는 유학파들도 생겼습니다.

이번엔 삼계탕 이야기를 해 보겠습니다. 삼계탕집 벽에 '우리는 웅추를 사용합니다'라는 문구를 보신 적 있을 겁니다. 웅추는 수평아리를 뜻하는 말로, 한자말이 고급스러워 보이지만, 사실 특

별한 품종은 아닙니다. 과거 산란계 농장에서 암탉만 필요하던 시절, 수평아리는 크게 쓸모가 없어 도태되곤 했습니다. 하지만 복날이라는 특수한 수요 덕에 이 웅추들이 삼계탕용 닭으로 재탄생하게 된 겁니다. 수평아리인 웅추는 지방이 적고 다소 질긴 대신 담백하고 쫄깃한 맛이 특징이라 소비자들에게 나름 인기를 끌었던 거죠.

그런데, 도태된 수평아리 중에서도 운이 좋은 닭들이 있었습니다. 바로 장닭으로 자란 수탉들입니다. 자연 방사 농장에서 교배용으로 기른 수탉은 비교적 오래 살며 무리의 대장이 되기도 합니다. 그러나 자연 방사 환경에서도 암수 비율이 맞지 않으면 도태된 장닭이 생기게 마련입니다. 이 수탉들이 결국 우리의 식탁에 오르며, 특별한 복달임 음식이 되는 거죠. 장닭은 수탉인 만큼 덩치가 크고 활동량이 많아 육질이 다소 질기지만, 활발한 기운

이 담겨 있어 예로부터 양기를 보충하는 보양식으로 여겨졌습니다. 흑염소처럼 고아 먹기도 했고, 이 기운 덕에 건강을 챙기는 음식으로 주목받아 왔습니다.

이제 중요한 건 맛입니다. 미트러버 방송에서 장닭을 직접 끓여 먹어 본 결과, 국물은 상당히 진하고 깊은 맛이 있었습니다. 물론 씨암탉으로 끓여도 비슷한 맛이 날 수 있지만, 장닭의 진가는 쫄깃하면서도 가금류의 육향을 진하게 느낄 수 있는 고기에서 나타납니다. 우리가 토종닭에서 기대하는 고소하고 깊은 맛이 그대로 느껴지죠. 요즘은 온라인에서 쉽게 장닭을 구할 수 있다는 점 참고하세요!

이거 안 먹으면 바보래요

혹시 치킨 오이스터라는 부위를 들어 보셨나요? 닭고기 덕후들만 안다는 숨겨진 부위로, 닭 허벅지살 안쪽에 있는 작은 장골근입니다. 이 부위는 동그랗고 굴처럼 생겨서 치킨 오이스터(Oyster)라는 이름이 붙었습니다. 육향이 진하고, 닭의 모든 부위 중 가장 쫄깃쫄깃한 식감을 자랑하죠.

특히 프랑스 사람들이 이 부위를 좋아하는데, 프랑스어로 치킨 오이스터를 솔리레스(sot-l'y-laisse)라고 부릅니다. 재미있는 건 이 단어의 뜻인데요, '오직 바보만 이 부위를 남긴다'라는 의미랍니다. 이 부위가 정말 맛있다는 걸 강조하기 위해 붙은 재미있는 이름입니다.

프랑스에서는 치킨 오이스터를 따로 모아 판매하거나, 이를 활용한 레시피도 다양합니다. 이 부위는 닭뿐 아니라 모든 가금류에 있는데, 오리나 칠면조에서도 같은 부위를 찾아 요리하기도 합니다. 작게 붙어 있는 부위라 따로 떼어 내는 손질이 어렵지만, 닭다리보다도 쫄깃하고 생선의 뽈살 같기도 한 식감 때문에 포기할 수 없는 부위죠.

이 정보는 혼자만 알고 계셨다가 치킨 먹을 때 빠르게 찾아 드세요!

닭똥집, 닭모래집, 근위! 너 정체가 뭐니?

혹시 닭똥집을 먹으면서 “이게 똥이랑 관련 있는 건가?” 하고 궁금해 보신 적 있으신가요? 한때 한 치킨 프랜차이즈 닭똥집 튀김에서 이물질이 나왔다는 소식이 전해졌었는데요, 많은 분이 ‘닭똥집’이라는 이름 때문에 더욱 놀라셨을 겁니다. 하지만 걱정할 필요 없습니다. 닭똥집은 닭의 모래주머니, 즉 근위라는 부위로 음식물을 분쇄하고 소화시키는 역할을 하는 위입니다. 그러니까 똥이 들어 있을 가능성은 없습니다.

그럼 닭똥집에서 발견된 노란 이물질의 정체는 무엇이었을까요? 그건 계내금이라는 닭 모래집의 내막으로, 노란색을 띠고 특유의 향 때문에 일반적으로 제거하고 먹습니다. 그렇다고 계내금

이 먹을 수 없는 건 아니에요. 따로 말려서 약재로 쓰이기도 하고 위와 방광 건강에 좋다고 알려져 있습니다. 계내금을 끓여 차로도 마신다고 하는데, 맛은 꽤 강하고 한방 향 속에 닭 특유의 비릿한 향이 느껴진다고 합니다. 쉽게 즐길 수 있는 맛은 아니지만, 건강을 생각하면 먹을 수 있는 정도입니다.

닭똥집 이름 때문에 혹시나 찝찝하셨다면 이제 오해 푸시고 마음껏 드시길 바랍니다.

추억의 서민 안주, 닭내장탕을 아시나요?

'치킨은 많이 먹으면서 닭의 내장은 다 버리는 거 아니야?' 하는 궁금증이 드신 적 있나요? 한국은 돼지 내장, 소 내장 가리지 않고 즐겨 먹는데 닭 내장은 좀 낯설죠. 그런데 의외로 닭의 내장이 활용되는 특별한 요리가 있습니다. 바로 소주파들의 진정한 별미, 닭내장탕입니다. 닭내장탕은 마니아층이 많아서 '두 발로 갔다가 네 발로 나온다'는 농담까지 따라다니곤 합니다. 요즘은 온라인에서 반조리 제품으로도 쉽게 찾아볼 수 있어요.

닭 내장은 법적으로 정해진 분할 정형 기준이 없어, 제품에 표기된 내용물이 조금 모호한 경우가 많습니다. 닭의 소화기관은 특이한 구조로 되어 있는데, 먹이를 저장하는 소낭, 위액을 분비하는 선위, 그리고 먹이를 분쇄하는 근위(우리가 흔히 닭똥집이

라 부르는 부위)가 대표적입니다. 여기에 십이지장, 소장, 대장 같은 내장들이 추가로 포함됩니다.

특히 닭내장탕에서 별미로 꼽히는 부위는 닭알집입니다. 이건 계란이 되기 전 단계의 부위로, 노른자의 고소함과 흰자의 쫄깃한 식감이 함께 느껴져 독특한 매력을 가지고 있죠. 닭내장탕에는 여러 부위가 섞여 있어 각각의 식감과 맛이 달라 골라 먹는 재미도 있습니다. 곱이 꽉 차 있어 쫄깃하고 고소한 풍미도 꽤 매력적입니다.

그리고 한국인의 후식인 볶음밥은 닭내장탕도 예외가 아닙니다. 국물의 깊은 맛과 내장의 풍미가 밥과 어우러면서 평소 먹던 닭도리탕 볶음밥과는 또 다른 매력이 있습니다. 물론 내장 특유의 향과 맛 때문에 호불호는 분명하지만, 이 매력을 아는 마니아들은 그 몇 안 되는 가게들이 문을 닫지 않길 바라는 간절한 마음으로 찾곤 합니다.

다음번에 특별한 소주 안주가 필요하다면 닭내장탕 한번 도전해 보세요. 그 독특한 맛과 향, 그리고 골라 먹는 재미에 빠져들지도 모릅니다.

추억의 전기구이통닭 어떻게 먹게 됐을까?

여러분이 가족과 함께 먹었던 닭 요리를 떠올리면 무엇이 먼저 생각나나요? 대부분 프라이드치킨을 떠올릴 것 같은데요, 오늘날 대세가 된 기름에 튀긴 치킨은 1971년 해표 식용유가 대중화되면서 인기를 끌기 시작했죠. 하지만 그보다 앞서 1960년대에는 전기구이통닭이 있었습니다.

전기구이통닭을 처음 판매한 곳으로 잘 알려진 곳이 바로 명동 한복판에 있는 '영양센터' 본점입니다. 1960년대부터 전기로 구운 통닭을 서양식 치킨 형태로 선보였던 곳인데요, 흥미롭게도 이곳의 이름 '영양'에는 건강한 영양과 부모를 영화롭게 봉양한다는 의미가 담겨 있다고 합니다. 당시 일본에서 영향을 받아 이

런 중의적인 이름을 사용하는 것이 흔했다는 음식 칼럼니스트 김학민 님의 설명이 떠오르네요. 음식의 역사와 외식문화를 탐구하다 보면 그 시대 사람들의 생각과 문화가 고스란히 담겨 있어서 그 과정 자체가 참 재미있습니다.

가게 입구를 보면 닭고기가 회전하는 전기 그릴이 눈에 들어옵니다. 이렇게 지글지글 돌며 익어 가는 닭고기를 보면 없던 식욕도 저절로 생기게 됩니다. 전기구이통닭의 이런 조리 방식을 '로티세리 치킨'이라고 부릅니다. 쇠꼬챙이에 고기를 끼운 뒤 360도로 회전시키며 고르게 익히는 방식인데, 조리 과정에서 기름은 쫙 빠지고 바깥쪽은 바삭해지면서도 속은 촉촉하게 유지되는 겉바속촉의 정석이라 할 수 있죠.

영양센터가 문을 연 뒤로 전국적으로 전기통닭의 붐이 일었습니다. 당시 많은 사람에게는 외식의 상징과도 같았죠. 하지만 여러분의 기억 속에 더 친숙한 모습은 아마 아파트 단지 입구나 동

네 골목에서 트럭에 전기구이 기계를 싣고 통닭을 돌리던 풍경일 겁니다. 이러한 트럭 통닭은 비교적 저렴한 가격으로 사랑받았고, 전기구이통닭을 대중적인 음식으로 자리 잡게 만든 주역이라 할 수 있습니다.

오늘날 프라이드치킨과 다양한 치킨 요리가 대세를 이루고 있지만, 전기구이통닭은 여전히 그 특유의 향과 맛, 그리고 추억으로 많은 사람에게 사랑받고 있습니다. 다음에 전기구이통닭을 마주친다면 그 속에 담긴 역사와 함께 음미해 보는 건 어떨까요?

닭가슴살이 물리면 어떤 고기를 먹는 게 좋을까?

운동이나 다이어트를 하다 보면 단골로 떠오르는 단백질 공급원이 바로 닭가슴살입니다. 훈제, 수비드, 소시지 등 다양한 형태로 나와 마치 단백질의 왕처럼 자리 잡고 있죠. 저지방, 저칼로리, 고단백이라는 장점에 저렴한 가격까지, 닭가슴살은 단연코 최고의 선택처럼 보입니다. 하지만 매일 먹다 보면 물리는 것도 사실이죠. 닭가슴살 대신 먹을 수 있는 고기들, 어떤 것이 좋을까요?

먼저 소고기를 살펴보겠습니다. 다이어트 식단으로 적합한 소고기 안심은 부드럽고 고소한 맛이 특징입니다. 100g당 약 200kcal, 단백질 19.17g, 지방 11.17g으로 단백질 함량은 준수하지만 지방이 꽤 많은 편입니다. 가격도 한우는 100g당 16,900원, 호주산은 6,880원으로 다소 부담스럽습니다. 맛있지만 경제적으로 별 3개 정도가 적당할 것 같습니다.

좀 더 합리적인 선택은 우둔살(엉덩이살)입니다. 100g당 164kcal, 단백질 23.08g, 지방 6.99g으로, 단백질 함량이 닭가슴살보다 높고 지방도 적당히 낮습니다. 가격은 호주산 기준 100g당 2,380원으로 비교적 합리적이라 별 3개 반을 줄 수 있겠네요. 구이뿐 아니라 스테이크로도 활용하기 좋아 다이어트에 추천합니다.

돼지고기로 넘어가면 안심이 가장 추천할 만합니다. 100g당 123kcal, 단백질 22.21g, 지방 3g으로 닭가슴살 못지않은 저지방, 고단백의 스펙을 자랑합니다. 가격도 100g당 1,880원으로 소고기보다 훨씬 저렴해 별 4개를 받을 만합니다. 삼겹살에 비해 지방이 10분의 1도 안 될 정도로 건강한 부위라 다이어트용으로 적합합니다.

뒷다리살(후지살)은 영양적으로는 더 훌륭한 선택입니다. 100g당 121kcal, 단백질 21.3g, 지방 3.19g으로, 지방 함량이 낮고 단백질도 충분합니다. 무엇보다 가격이 매우 저렴한데, 미트박스 기준 1kg당 2,000원으로 닭가슴살의 절반 이하입니다. 하지만 고기 결이 거칠고 퍽퍽해서 압력솥에 1시간 이상 푹 익혀 드시는 걸 추천합니다.

닭가슴살이 다이어트와 단백질 보충에 좋은 것은 맞지만, 이것만이 정답은 아닙니다. 미국식 다이어트와 피트니스 문화가 영향을 끼쳐 닭가슴살이 표준처럼 자리 잡았지만, 영양적으로 볼 때 다른 부위도 충분히 좋은 선택지가 될 수 있습니다.

또 이렇게 고단백 저지방 고기를 주로 드시는 분들은 수비드 조리법을 선택하는 것도 좋은 방법입니다. 수비드 방식은 고기를 훨씬 부드럽게 만들어주고 영양 손실도 적거든요. 요즘 수비드 머신이 대중화되어 가정에서도 쉽게 활용할 수 있으니 다양한 부위, 또 다양한 조리법을 활용해 즐거운 다이어트 되세요!

오리고기는 왜 치킨처럼 프라이드가 없는걸까?

오리 고기를 떠올리면 주물럭이나 훈제 같은 요리가 먼저 생각나시죠? 그런데 왜 오리로 만든 프라이드는 찾아보기 힘든 걸까요? 치킨은 이렇게나 많이 먹는 한국 사람들이 말이죠. 이 질문은 오리 고기에 대한 흥미로운 이야기를 풀어 가는 시작점이 됩니다.

우선, 오리는 닭과 달리 마리 단위로 잘 팔리지 않습니다. 닭은 9호나 10호 크기, 그러니까 약 1kg 내외로 부담 없이 한 마리씩 구입하기 좋습니다. 반면 오리는 21호에서 26호까지, 닭의 두 배에 달하는 크기가 일반적이죠. 1~2명이 함께 즐기는 식탁에 올리기엔 크기 면에서 부담스러울 수밖에 없습니다. 그래서 대부분

슬라이스된 상태로 소분 포장되어 판매되는 경우가 많습니다.

실제로 과거 몇몇 프랜차이즈가 오리프라이드에 도전했지만 대중화에는 실패했습니다. 오리고기는 닭보다 가금류 특유의 냄새가 강한데요, 생오리에서 나는 독특한 향은 호불호가 갈리기 쉽고, 이를 없애거나 염지하는 과정 자체가 까다롭습니다. 또한, 오리고기는 크기가 크고 기름이 많아 균일하게 튀겨 내기도 어렵죠. 이 때문에 튀기는 시간과 기술이 더 많이 필요하고, 원가도 닭보다 비싸 경쟁력이 떨어질 수밖에 없습니다.

그런데 이 이야기를 듣는 일부 독자들은 '어? 나 오리프라이드 먹어 봤는데?' 하고 생각하실 수 있습니다. 전라도 광주를 포함한 일부 지역에서는 오리 날개 프라이드를 팔기도 합니다. 오리 한 마리를 튀긴 게 아니라 오리 날개 부분만 먹기 좋게 손질해서 튀겨 낸 음식입니다. 오리의 두툼한 껍질이 바삭하게 튀겨져 식감과 맛이 좋다고 합니다. 하지만 이것도 대중화되긴 여전히 장벽이 있죠.

비록 우리가 좋아하는 프라이드로는 먹기 힘들지만 오리는 분명 좋은 고기입니다. 오리 지방은 불포화지방산 비율이 69.3%로 고등어와 비슷하게 건강에 좋다고 알려져 있습니다. 물론 돼지고기나 소고기에도 불포화지방산이 다소 포함되어 있기 때문에 오리고기를 지나치게 건강식으로만 여길 필요도 없습니다. 간혹 오리고기의 지방은 껍질에 집중되어 있어서 건강을 위해 껍질을 벗겨 먹는 분들도 있습니다. 하지만 껍질의 고소함과 쫀득한 맛이 매력적이라 포기하기 쉽지 않죠. '베이징덕'이 껍질 요리로 유명한 이유도 여기에 있습니다.

또한 오리고기는 적색근이 많아 특유의 육향이 있고, 일부 사람들에게는 피 맛처럼 느껴지기도 합니다. 과거에는 냉장 유통 환경이 미흡해 오리고기에서 나는 냄새가 더 강했지만, 최근에는 도축 기술과 유통 시스템이 개선되어 신선한 오리고기를 먹을 수 있는 환경이 되었습니다. 그래도 여전히 낯선 냄새 때문에 훈제 형태로 많이 유통됩니다.

한국인의 1인당 연간 닭고기 소비량은 약 16kg인데 비해, 오리고기는 2.3kg에 불과합니다. 닭 16마리를 먹는 동안 오리 한 마리를 먹는 셈이죠. 하지만 오리고기의 조리법에 따라 충분히 맛있게 즐길 수 있습니다. '베이징덕'이나 광주의 '오리들깨탕'처럼, 지역 특색을 살린 요리로 오리고기의 매력을 발견할 수 있습니다.

뭐가 좋다고 유황오리를 먹는 걸까?

여러분, 유황오리에 대해 들어 보셨죠? 드셔 본 적이 없어도 이름 정도는 들어 보셨을 겁니다. 사실 유황오리는 비싸기로 유명합니다. 한 마리에 15만 원 정도나 하니, "대체 왜 이렇게 비쌀까?"라는 의문이 들 수밖에 없습니다. 몸에 좋으니 비싸겠거니 하며 넘기신 분들도 많으실 텐데요, 생각해 보면 유황은 화약이나 성냥에 쓰이는 독성 물질입니다. 먹으면 큰일 나는데, 도대체 어떻게 해서 오리에게 먹이고 사람에게 이롭게 만들었을까요? 이번엔 유황오리의 비밀을 알려드리겠습니다.

유황오리는 단순한 전통의 산물이 아닙니다. 이 농법을 처음 고안한 사람은 현대 한의학자 인산 김일훈 선생입니다. 1909년에

태어나 1992년에 세상을 떠난 그는 대체의학 분야에서 전설적인 인물로 꼽힙니다. 김일훈 선생의 발명품 중에서 우리가 잘 아는 또 다른 것이 있으니, 바로 죽염입니다. 그의 아드님이 여전히 죽염을 생산하고 있으며, 이 죽염 사업은 코스닥 상장까지 이뤄 냈습니다.

그렇다면 유황오리는 왜 먹는 걸까요? 유황오리의 핵심은 인간이 직접 섭취할 수 없는 무기 유황을 오리에게 먹여, 오리의 몸을 통해 독성을 제거하고 이로운 성분을 만들어 내는 데 있습니다. 무기 유황은 인체에 독이 되지만, 오리가 이를 소화하면서 식이 유황으로 전환하게 됩니다. 이렇게 변환된 유황 성분은 인체에 흡수 가능하며, 관절 건강이나 염증 완화 등 다양한 효능을 제공합니다. 오리가 이런 역할을 할 수 있는 이유는 그들의 강한 면역력 덕분인데요, 오리가 이런 농법의 매개체가 된 것은 아주 과학적인 이유가 있었던 셈이죠.

유황의 주요 성분인 MSM(식이 유황)은 현대 의학에서도 주목을 받고 있습니다. MSM은 소염작용, 해독작용, 그리고 관절 건강에 도움을 준다고 합니다. 관절 통증을 완화하거나 연골 건강을 유지하는 데 MSM이 효과적이라는 연구도 많습니다. 다만, 식이 유황이 이렇게 대중화된 것은 오래되지 않았습니다. 1903년에 최초로 합성되고, 1978년에서야 사람이 먹을 수 있도록 승인받았죠. 과거에는 이런 유황 성분을 얻기 어려웠기 때문에, 유황오리나 유황마늘 같은 방식으로 인체에 전달하려는 노력이 이어졌던 겁니다.

이렇게 보면, 유황오리는 단순히 건강식이라는 이름을 넘어, 인류가 독을 이롭게 활용하는 지혜를 담고 있는 음식입니다. 유황오리를 통해 고대 도가 사상의 불로장생의 꿈이 현대에까지 이어지고 있는 것이죠. 몸에 좋다는 이야기를 넘어, 그 뒤에 담긴 과학과 역사를 알고 나니 유황오리가 더 특별하게 느껴지지 않으세요?

양꼬치엔 칭따오에 관한 흥미로운 일곱 가지 이야기

양꼬치와 찰떡궁합인 칭따오 맥주. 맛도 좋지만, 이 맥주에 얽힌 이야기들은 그 이상으로 흥미롭습니다. 칭따오에 관한 7가지 흥미로운 사실을 하나씩 짚어 보겠습니다.

첫 번째, '양꼬치엔 칭따오'는 배우 정상훈 씨가 SNL 코리아에서 중국 특파원으로 등장해 유행시킨 대사입니다. 덕분에 그는 칭따오 맥주 광고 모델로 발탁되기까지 했죠. 방송에서 상표권까지 등록했다고 자랑했지만, 실제 상표권은 등록료 미납으로 유효하지 않은 상태입니다. 정상훈 씨가 다시 등록한다면 더 흥미로운 일이 될지도 모르겠네요.

두 번째, 칭따오 맥주는 한때 중국 전역에서 가장 많이 팔리는 맥주였지만, 지금은 설화 맥주가 1위를 차지했습니다. 베이징에서는 옌징 맥주가 더 인기죠. 하지만 칭따오 맥주가 만들어진 산둥성과 인근 지역에서는 여전히 점유율 1위를 자랑합니다. 고향 맥주를 사랑하는 것은 한국이나 중국이나 비슷한 정서인 듯합니다.

세 번째, 칭따오의 라이벌인 설화 맥주는 한국에서 쉽게 볼 수 없습니다. 이유는 의외로 아모레퍼시픽의 화장품 브랜드 '설화수' 때문입니다. 설화수는 상표 등록 시 맥주와 탄산수 카테고리까지 포함해 등록했기 때문에, 설화 맥주는 'SUPER X'라는 브랜드명으로 국내에 들어오게 되었습니다.

네 번째, 칭따오는 1903년 독일 기술로 시작됐다는 이야기가 있지만, 실제로는 영국 상인들과의 합작회사로 출발했습니다. 영국 상술과 독일 기술이 결합해 설립 3년 만에 뮌헨 국제박람회에서 금상을 받을 정도로 성공을 거뒀습니다. 당시부터 이미 그 맛이 뛰어났던 것으로 보입니다.

다섯 번째, 칭따오 맥주는 독일의 맥주 순수령(맥주순수법) 원칙대로 물, 맥아, 호프만 들어갈 것 같지만, 쌀이 추가로 포함됩니다. 이는 중국에서 시작된 특유의 제조 방식으로, 쌀이 맥주에 청량감을 더해 준다고 합니다. 맥아는 호주와 캐나다에서, 호프는 중국에서 조달하며, 효모는 1903년 독일에서 들여 온 것을 지금까지 사용하고 있습니다.

여섯 번째, 칭따오 맥주의 로고에 등장하는 잔교의 회란각은 청도의 상징적 장소입니다. 하지만 초기 로고는 지금과 달랐고, 심지어 독일 식민지 시절에는 하켄크로이츠가 포함된 적도 있었습니다. 이후 시대의 변화에 따라 로고 디자인도 여러 차례 수정되었죠.

일곱 번째, 칭따오 맥주는 한때 일본 맥주 회사의 소유였습니다. 1914년 1차 세계대전 당시, 일본이 청도를 점령하면서 독일의 청도 권리가 일본으로 넘어갔습니다. 이후 칭따오 브루어리는 일본 맥주 회사 아사히, 삿포로, 에비스의 합작회사 소유가 되었으나, 1922년에 다시 중국으로 반환되었습니다.

정작 몽골에는 없는 전통 홋카이도식 양고기구이 '징기스칸'

징기스칸(칭기즈 칸)이라는 이름을 들으면 어떤 것이 떠오르시나요? 만약 몽골의 대제국을 이끈 위대한 지도자를 떠올리셨다면 역사에 관심이 많으신 분일 테고, 홋카이도의 전통 양고기 요리를 떠올리셨다면 진정한 미트러버일 가능성이 높습니다. 이 독특한 이름을 가진 요리, 홋카이도의 양고기구이 '징기스칸'에 대해 이야기해 보겠습니다.

처음 제가 일본 삿포로를 방문했을 때, 현지 가이드분이 추천해 주셨던 유명한 식당 '다루마'에서 징기스칸을 처음 맛봤습니다. 불판은 대파와 양파를 듬뿍 올리고 양고기를 구울 수 있도록 독특한 돔 형태였고, 이 불판에서 구워 낸 이 요리는 그동안 먹어

본 양꼬치나 양고기스테이크와는 다른 매력을 가지고 있었습니다. 처음 먹었을 때의 그 맛이 너무 강렬해서, 한국에서도 한남동의 이치류 같은 식당에서 다시 찾곤 했습니다.

이 요리의 유래는 메이지 시대 홋카이도의 양모 산업에서 시작됩니다. 당시 일본 정부는 넓은 땅을 활용해 양을 사육하고 양모를 생산하려 했습니다. 양모를 위해 길렀던 양들은 수명이 다하면 부산물로 양고기를 남겼고, 이 고기를 활용해 만든 음식이 바로 징기스칸입니다. 당시 농촌 지역에서는 영양 공급이 절실했기 때문에, 양고기를 직화로 구워 먹는 방식이 자리 잡게 되었습니다. 양파와 대파 같은 구하기 쉬운 야채를 곁들여 구웠던 이 음식은 간단하고 영양가 높아 점차 지역 특산 음식으로 자리 잡았습니다.

그런데 재미있게도, 이 음식은 이름과 달리 몽골과는 전혀 관련이 없습니다. 몽골인들은 주로 양고기를 삶아 먹으며, 야채를 곁들여 먹는 문화도 비교적 최근에야 생겼습니다. 게다가 몽골의 위대한 지도자 이름을 음식에 붙이는 걸 몽골인들은 불쾌해한다는 이야기도 있습니다. 이름의 유래를 살펴보면, 일본의 정치인 고마이 토쿠조가 정부 차원에서 양고기를 보급하며 이 이름을 붙였다는 설이 유력합니다. 주물 판이 몽골 병사의 투구 모양을 닮았다는 이야기도 있지만, 몽골이 일본을 지배한 적 없으니 이것 역시 억지스럽습니다.

하지만 징기스칸을 식당에서 먹으면 가격이 만만치 않은데요, 다행히 온라인에서 징기스칸 전용 불판을 손쉽게 구할 수 있어 직접 만들어 먹는 것도 가능합니다. 어찌 보면 쉬운 요리인 게 불판과 얇게 썬 양고기, 대파, 양파만 있으면 됩니다. 불판이 작아서 두꺼운 고기를 굽기에는 적합하지 않지만, 적당히 얇게 썬 램(Lamb) 고기라면 아주 맛있게 구울 수 있습니다. 다만, 전용 소스를 준비하지 못하면 맛이 조금 아쉬울 수 있으니, 꼭 인터넷에서 소스를 주문해 함께 드셔 보시길 추천합니다. 사실 프라이팬으로 구운 양고기와 맛에 있어 큰 차이는 없지만 홋카이도를 여행하는 듯한 분위기는 확실히 낼 수 있을 것 같습니다.

좋은 육포를 고르는 네 가지 방법을 알려드립니다!

여러분도 요즘 SNS에서 육포 광고를 많이 보셨죠? 미트러버에서도 명인이 만들었다거나 궁중의 기술로 만들었다는 화려한 문구에 혹해서 몇 개를 시켜 봤지만, 솔직히 드라마틱한 맛은 아니더라고요. 그래서 좋은 육포를 고르는 몇 가지 방법을 알려드리겠습니다.

첫 번째로 중요한 점은 색깔입니다. 우리가 흔히 보는 먹음직스러운 빨간색 육포는 자연 건조로 나오는 색깔이 아닙니다. 자연 건조 상태에서는 육포가 검붉은색으로 변하게 되는데, 붉은 육포의 색깔은 사실 아질산나트륨이라는 발색제 덕분입니다. 이 발색제는 보존 기간도 늘려 주는 역할을 하지만, 첨가물로 인해 자연

스럽지 않은 색을 만들어 냅니다. 그러니 색깔이 별로 보기 좋지 않아도 검붉은색을 띠는 육포가 좀 더 자연적이고 건강한 선택이라는 점을 기억해 두세요.

두 번째는 방부제, 특히 소르빈산칼륨에 대한 주의입니다. 소르빈산칼륨은 방부제로 흔히 사용되는데, 문제는 발색제인 아질산나트륨과 함께 사용될 경우입니다. 이 두 성분이 함께 열을 받으면 발암물질인 에틸니트릴산이 형성될 가능성이 있기 때문입니다. 따라서 아질산나트륨과 소르빈산칼륨이 같이 들어간 육포는 되도록 피하거나, 적어도 구워서 드시는 건 삼가시는 게 좋습니다.

세 번째로는 원재료와 수입국을 꼭 확인하셔야 합니다. 육포라고 하면 대부분 소고기라고 생각하지만, 돼지고기를 사용하는 경우도 꽤 많습니다. 소고기 육포의 경우 통고기를 사용하는지, 아니면 갈은 고기를 사용하는지도 중요한데요, 갈은 고기는 선도나 품질이 떨어질 가능성이 있어, 저는 통고기를 사용한 육포를 선호합니다. 또한, 원재료의 수입국도 신경 쓰셔야 하는데요, 호주산이나 한국산 소고기는 품질이 비교적 믿을 만하다고 생각합니다. 반면, 과거 중국산 육포에서 문제가 발견된 사례도 있으니 이런 점을 염두에 두시면 좋겠습니다. 고급 육포라면 무항생제 여부도 표시되니 원재료 표기를 꼼꼼히 확인하세요.

마지막으로, 유통기한을 꼭 확인하세요. 사람이 먹는 육포는 보통 1년 이내의 유통기한을 가지는데요, 유통기한이 길수록 보존제가 많이 사용되었을 가능성이 큽니다. 저는 보통 6개월 이내의 제품을 추천해 드립니다. 시간이 지나면 지방이 산화되면서 육포의 감칠맛도 떨어지고 식감이 퍽퍽해지는 경향이 있기 때문입니다. 음식이 대개 그렇듯 만든 지 오래되지 않은 육포가 훨씬 더 촉촉하고 맛있습니다.

이처럼 육포를 고를 때 색깔, 첨가물, 원재료, 유통기한 네 가지를 잘 살피시면 훨씬 더 좋은 품질의 제품을 고르실 수 있습니다. 육포는 요즘 어린이용부터 강아지용까지 다양한 제품이 출시되고 있는데요, 몇천 원짜리와 몇만 원짜리 육포가 몇 배의 맛 차이를 내는 경우는 드뭅니다. 만든 사람의 정성과 노하우가 더해진 정도니 너무 비싼 제품은 굳이 구매할 필요 없다고 생각합니다.

열받아서 정리해 본 스팸 알쓸신잡! (feat. 런천미트)

여러분, 김치찌개에 스팸 사리 추가해 보신 적 있으시죠? 그런데 주문한 스팸 대신 런천미트가 들어 있으면 기분이 참 복잡해집니다. 간혹 어떤 사장님께서는 '스팸은 스파이시드 햄의 줄임말이라 런천미트를 넣어도 문제없다'는 입장을 갖고 계시기도 하죠. 그래서 스팸에 대해 한 번 확실히 짚고 넘어가려고 합니다.

첫 번째로 알아야 할 것은 스팸은 일반명사가 아니라는 점입니다. 스팸은 호멜사의 등록 상표입니다. 흔히 사용하는 런천미트처럼 누구나 쓸 수 있는 이름이 아니죠. 그래서 스팸 옆에는 항상 등록 상표를 나타내는 '®' 표시가 붙습니다. 우리나라에서도 1980년에 등록되어 현재까지 상표로 보호받고 있습니다. 따라서 식당에서 스팸이라고 했다면 반드시 진짜 스팸을 넣어야 하고,

그렇지 않으면 소비자를 속이는 일이 됩니다.

두 번째로, 스팸은 원래 "호멜 스파이시드 햄"이라는 이름에서 시작되었습니다. 이름이 너무 밋밋해서 공모전을 열었고, 배우 케네스 데이누가 "스파이시드 햄"의 약자인 스팸으로 이름을 제안했다고 합니다. 또 다른 해석으로는 "Shoulder of Pork and Ham"의 약자라는 이야기도 있습니다. 이름은 간단하지만 어쨌든 스팸은 단순한 햄 그 이상으로 자리 잡았습니다.

세 번째로, 미국 스팸과 한국 스팸은 사실상 다른 제품입니다. 현재 CJ제일제당에서 생산하며, 기술 제휴는 2020년부로 종료되었습니다. 즉, 이제는 스팸이라는 이름만 사용하고 제조 기술은 CJ 자체 기술력으로 이루어지고 있습니다. 재미있는 점은, 한국이 전 세계에서 미국 다음으로 스팸을 많이 소비하는 나라라는 겁니다. 충북 진천군에서 생산되는 스팸은 나트륨 함량이 미국 제품보다 절반가량 낮아 한국인의 입맛에 맞게 조정된 점도 특징입니다.

네 번째로, 스팸의 가격에 관해 이야기해 보겠습니다. 스팸은 흔히 정크푸드라는 이미지가 있지만, 사실 가격이 저렴한 편은 아닙니다. 예를 들어, 스팸 클래식 100g당 가격은 약 2,000원 내외로, 국산 돼지고기 사태살(100g당 약 1,000원)보다 비쌉니다. 미국에서도 스팸의 가격은 돼지고기보다 비싸기 때문에, 간편하게 먹기 좋은 가공식품인 스팸이 오히려 고급스럽게 느껴질 수 있습니다.

이제 스팸이 대명사가 아니라는 사실을 알았으니, 런천미트를 주는 식당에서는 당당하게 말씀하세요. "사장님, 이거 스팸 아닌데요?"

런천미트와 스팸의 차이, 'ㅁ'만 기억하세요!

마트에 가 보면 로스팜, 스팸, 리챔, 안심팜, 그릴팜 같은 다양한 햄 제품들이 있습니다. 이렇게 이름이 비슷하다 보니 런천미트와 스팸의 차이를 헷갈리기 쉽습니다. 하지만 구분은 간단합니다. 한글 자음 'ㅁ'으로 끝나는 이름의 제품들은 닭고기가 들어가지 않고 돼지고기만 고함량으로 들어간 제품입니다. 이번엔 런천미트와 'ㅁ'으로 끝나는 돼지고기 고함량 제품의 차이를 정리해 보겠습니다.

런천미트는 점심(Lunch)이라는 단어에서 유래된 일반 명사로, 돼지고기와 닭고기가 섞인 저렴한 통조림 햄을 지칭합니다. 한국에서 생산되는 런천미트 제품 대부분은 돼지고기 40%와 닭고기

30%가 섞인 형태로, 닭고기가 포함된 만큼 육질이 부드럽고 촉촉하지만 돼지고기만 사용한 제품과는 맛의 차이가 있습니다.

반면, 'ㅁ'으로 끝나는 이름의 제품들은 돼지고기만 사용해 고함량으로 만들어진 프리미엄 제품입니다. 스팸, 로스팜, 리챔, 안심팜, 그릴팜 등으로 대표되는 이 제품군은 닭고기가 전혀 포함되지 않아 돼지고기의 풍부한 맛과 단단한 육질을 느낄 수 있습니다. 특히 스팸은 돼지고기와 지방의 배합 비율이 최적화되어 있어 우리가 맛있다고 느끼는 거죠.

예를 들어, 롯데푸드의 런천미트는 돼지고기 40%, 닭고기 30%를 사용하지만, 프리미엄 제품인 로스팜은 돼지고기 91%로 닭고기가 전혀 들어가지 않습니다. CJ제일제당의 런천미트는 돼지고기 41%, 닭고기 31%를 포함하지만, 프리미엄 제품인 스팸은 돼지고기 92%로 만들어집니다. 동원의 런천미트는 돼지고기 40%, 닭고기 24%로 구성되며, 프리미엄 제품인 리챔은 돼지고기 91%입니다. 사조의 런천미트는 돼지고기 41%, 닭고기 30%를 포함하며, 프리미엄 제품인 안심팜은 돼지고기 90%로 만들어집니다. 한성기업의 런천미트는 돼지고기 36%, 닭고기 32%를 포함하지만, 프리미엄 제품인 그릴팜은 돼지고기 93%로 높은 함량을 자랑합니다.

이처럼, 'ㅁ'으로 끝나는 제품들은 돼지고기만 고함량으로 들어간 프리미엄 제품이고, 런천미트는 돼지고기와 닭고기가 혼합된 일반 제품입니다. 마트에서 제품을 선택할 때 이 차이를 기억한다면, 취향과 용도에 맞는 제품을 더 쉽게 고를 수 있습니다.

스팸, 런천미트에는 고기 말고 또 뭐가 들어갈까?

여러분이 좋아하는 스팸이나 런천미트를 떠올리면 "고기 통조림"이라는 이미지가 떠오르죠. 그런데 이 안에 고기 말고 또 어떤 게 들어가는지 궁금하지 않으신가요?

우선, 스팸이나 런천미트 같은 캔 햄은 모두 프레스 햄의 한 종류입니다. 프레스 햄은 고기 함량이 75% 이상, 전분 함량이 8% 이하인 제품을 의미합니다. 육류는 돼지고기뿐 아니라 닭고기, 양고기 등 다양한 종류가 사용될 수 있습니다. 따라서, 스팸과 런천미트 모두 프레스 햄이라는 큰 카테고리에 속해 있지만, 성분 구성과 고기의 배합 비율에 따라 품질과 맛이 다르게 나타납니다.

그렇다면 고기 함량 75%를 제외한 나머지 25%는 무엇으로 채워질까요? 기본적으로 정제수, 소금, 설탕, 대두단백, 전분 등이 포함됩니다. 대두단백은 고기를 결착시키는 역할을 하며, 일부 제품에서는 전분이 사용되기도 합니다. 또한, 염지제, 증점제, 유화제 같은 식품첨가물이 1~2% 정도 사용되며, 이는 식약처에서 허가한 최소량을 준수합니다.

제조 과정은 생각보다 간단합니다. 후지나 지방 같은 부위를 분쇄한 후, 정제수와 대두단백 등 다른 성분을 혼합하여 캔에 담습니다. 이후, 밀봉한 캔은 레토르트 멸균 과정을 거치며, 냉각 후 포장됩니다. 이 모든 과정은 하루 안에 끝날 정도로 효율적이고 빠릅니다.

최근 캔 햄 시장에서는 국내산 돼지고기를 활용한 제품들이 주목받고 있죠. 과거에는 외국산 돼지고기가 주로 사용되었지만, 코로나19와 아프리카 돼지 열병 등의 영향으로 국내산 돼지고기의 가격이 안정되면서 국산 원료를 사용하는 사례가 늘고 있습니다. 국내산 돼지고기는 신선도 면에서 유리하며, 수입산보다 유통기한이 짧아 품질이 더욱 신뢰할 만하다고 합니다.

캔 햄의 매출 비중은 육가공품 전체 매출의 약 10% 정도로, 시장에서 가장 인기 있는 품목은 아니지만, 여전히 꾸준히 사랑받는 품목입니다. 이제 캔 햄을 선택할 때, 신선한 국내산 돼지고기와 첨가물의 함량을 확인해 보세요!

은근슬쩍 삼겹살에서 앞다릿살로 바뀐 베이컨들?

고기를 좋아하신다면 베이컨은 삼겹살로 만드는 것이 정석이라고 생각하실 겁니다. 하지만 요즘 마트에서 판매되는 베이컨들을 자세히 들여다보면, 삼겹살 대신 앞다리살을 원료로 사용한 제품들이 점점 늘고 있다는 사실, 알고 계셨나요?

실제로 마트에서 베이컨 제품들을 살펴보면, 앞다리살을 사용한 베이컨이 삼겹살 베이컨보다 더 많이 눈에 띕니다. 미트러버 방송에서 보여 드린 제품 중 앞다리살 베이컨은 60%, 삼겹살 베이컨은 40%의 비중을 차지했어요. 그 이유는 간단합니다. 원가 절감 때문이죠. 앞다리살은 삼겹살보다 원물 가격이 절반 수준으로 저렴합니다. 예를 들어, 소매가 기준으로 국내산 삼겹살은 100g당 약 2,500원 내외인데, 같은 조건에서 앞다리살은 1,300

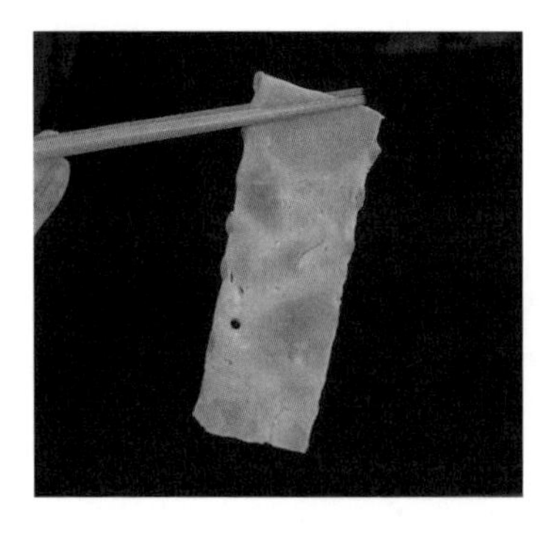 

원 정도로 약 절반 정도의 가격입니다.

그렇다면, 앞다리살 베이컨이 삼겹살 베이컨보다 실제로 얼마나 저렴할까요? C사 제품을 예로 들면, 삼겹살 베이컨은 10g당 242원, 앞다리살 베이컨은 10g당 179원으로 약 74%의 가격입니다. 또 다른 브랜드의 경우 삼겹살 베이컨은 213원, 앞다리살 베이컨은 173원으로 약 81% 수준이죠. 원재료의 가격 차이에 비하면 소비자가 체감하는 가격 차이는 크지 않은 편입니다.

앞다릿살 베이컨은 지방의 분포가 고르지 않고, 삼겹살보다 근내지방(마블링)이 부족합니다. 따라서 맛이 담백하긴 하지만, 구웠을 때의 풍미나 질감은 삼겹살 베이컨보다 다소 떨어질 수 있어요. 특히, 베이컨 특유의 고소함과 부드러운 질감을 선호하는 분들에게는 약간 아쉬운 선택일 수 있습니다. 하지만 피자 토핑이나 요리의 부재료로 활용할 때는 큰 차이를 느끼기 어렵습니다.

앞다리살 베이컨이 나쁘다는 건 아니지만, '베이컨은 당연히 삼겹살이지!' 하며 마트에서 아무 베이컨을 고른다면 요리할 때 실망할 수 있다는 점 기억하세요!

옛날 소시지, 분홍 소시지? 정확한 정체는 뭘까?

옛날 도시락 반찬으로 빠지지 않았던 분홍빛 소시지, 한 번쯤 드셔 보셨죠? 이 소시지를 정확히 뭐라고 불러야 할지 몰라 옛날 소시지, 도시락 소시지 등 많은 이름으로 불렸는데 '어육소시지'라고 부르는 것이 가장 정확합니다. 물고기로 만든 소시지라니, 듣기만 해도 신기한데요, 이 소시지가 어디서 시작되었고, 왜 지금까지도 사랑받고 있는 걸까요?

먼저, 분홍 소시지의 역사를 살펴보죠. 어육소시지의 뿌리는 꽤 깊습니다. 그리스 로마 시대부터 물고기를 활용한 가공품은 존재했지만, 현대적인 어육소시지는 1949년 일본 에히메현의 서남개발 주식회사에서 시작되었습니다. 이 회사는 지금도 어육소시지

를 생산하고 있다고 하니, 일본에서는 여전히 추억의 맛으로 자리 잡고 있나 봅니다. 그렇다면 우리나라에서 이 소시지가 처음 만들어진 건 언제일까요? 바로 1963년, 진주햄이 일본의 기술을 들여와 생산한 것이 시초입니다. 당시 진주햄은 어묵과 어육소시지를 주력으로 했고, 그 명맥은 지금도 이어지고 있습니다.

그렇지만, 이 소시지가 소시지라는 이름에 걸맞은지 의문이 들 수도 있습니다. 법적으로 따져 보면, 어육소시지는 수산가공식품으로 분류됩니다. 우리가 흔히 알고 있는 육가공품, 즉 돼지고기나 소고기로 만든 소시지와는 완전히 다른 계열이죠. 혼합 소시지라는 오해를 받기도 하지만, 실제로는 어육 함량이 더 높으면 어육소시지로 분류되며, 돼지고기 함량이 20%를 넘지 않습니다. 쉽게 말해, 이름은 소시지지만 실질적으로는 어묵에 더 가까운 음식입니다.

그렇다면, 이 분홍 소시지를 우리는 왜 먹기 시작했을까요? 그

배경에는 역사적인 사연이 있습니다. 1950년대, 미국이 태평양 비키니섬에서 수소폭탄 실험을 했던 때로 거슬러 올라갑니다. 당시 일본 원양어선들이 방사능에 피폭되면서 생선 소비가 급감했고, 팔리지 못한 생선들이 어육소시지로 가공되기 시작했습니다. 한국에 이 기술이 넘어온 1960년대는 경제적으로 어려운 시기였고, 돼지고기를 대신할 대안으로 어육소시지가 인기를 끌게 되었죠. 특히, 돼지고기와 비슷한 식감과 맛 덕분에 밥상의 주연이 되었습니다.

지금까지도 이 어육소시지가 사랑받고 있는 건 추억의 맛 덕분입니다. 한때 도시락의 필수품이었던 이 소시지는 누군가에게 어린 시절의 향수를 불러일으키는 음식이죠. 물론 현재는 고급 햄에 밀려 그 인기가 예전 같지는 않지만, 이슬람 국가에서는 돼지고기를 먹지 못하기 때문에 어육소시지가 대안으로 수출되고 있으며, 중국에서도 꾸준히 사랑받고 있다고 합니다.

어육소시지는 시대에 맞춰 변화하고 있기도 합니다. 예전처럼 색소를 많이 쓰지 않고, 치즈를 첨가하거나 다양한 맛을 가미하는 등 현대적인 맛으로 재탄생하고 있죠. 비록 그 역할은 줄어들었을지라도, 누군가에게는 여전히 소중한 음식으로 남아 있습니다. 어쩌면 몇십 년 뒤에는 박물관에서나 볼 수 있는 음식이 될지도 모르겠네요.

누구나 최소 500개쯤 먹어 본 비엔나소시지 이야기!

여러분, 지금까지 몇 개의 비엔나소시지를 드셔 보셨나요? 아마도 500개는 훌쩍 넘었을 겁니다. 밥반찬, 술안주, 도시락의 단골 메뉴로 자리 잡은 비엔나소시지는 그야말로 국민 반찬 중 하나입니다.

비엔나소시지는 한국 사람들이 먹고살 만해진 1980년대에 처음 대중화되었습니다. 당시 삼양라면 한 봉지가 100원이었으니, 200g에 950원에 출시된 비엔나소시지는 꽤 고급 반찬이었습니다. 부잣집 도시락에나 들어갈 법한 음식이었죠. 그렇다 보니 80년대의 주역은 분홍 소시지와 어육소시지였지만, 90년대에 들어서면서 비엔나소시지가 그 자리를 차지하며 대중적인 음식으로 자리 잡았습니다.

한국에서 대중화된 시기는 1980년대지만, 일본에서는 그보다 훨씬 빨리 인기를 얻었습니다. 일본의 소비자 통계에는 1963년부터 비엔나소시지가 등장합니다. 여러분도 일본 드라마나 애니메이션에서 문어 모양으로 잘린 비엔나소시지를 본 적 있으실 겁니다. 이 작은 크기의 소시지가 표준화된 계기는 일본에서 판매되던 '위니'라는 브랜드 때문인데, 이 브랜드는 1980년에 지금 우리가 익숙한 미니 사이즈를 표준화했다고 합니다.

그렇다면, '비엔나'라는 이름은 어디에서 왔을까요? 바로 오스트리아의 수도 비엔나입니다. 하지만 비엔나소시지의 원조는 비엔나가 아니라 독일 프랑크푸르트 출신의 요한 게오르크 라너라는 사람이 개발했다고 합니다. 그는 돼지고기와 소고기를 섞는 파격적인 시도를 했고, 이 방식은 당시의 전통적인 고기 가공 방식을 깨며 새로운 소시지의 형태를 만들었습니다.

그런데 현대의 비엔나소시지는 원조와는 꽤 다릅니다. 원래 비엔나소시지는 우리가 아는 짧고 귀여운 형태가 아니라 길고 얇은 프랑크푸르터 형태였습니다. 소시지의 원형이 비엔나에서 시작된 건 맞지만, 우리가 아는 현재의 모습은 미국에서 개발된 일종의 현대화된 음식이라고 할 수 있습니다. 1940~1970년대, 미국에서는 비엔나소시지를 통조림에 담아 판매하기 시작했고, 당시 통조림 크기에 맞추다 보니 프랑크푸르터보다는 짧고 가는 형태로 바뀌게 된 겁니다. 이후 이 음식이 일본을 거쳐 한국으로 넘어오면서 지금의 비엔나소시지가 탄생했습니다.

한국의 비엔나소시지는 돼지고기 함량이 높은 편이며, 작고 귀여운 크기 덕분에 여전히 도시락이나 어린이 반찬으로 사랑받고 있습니다. 비엔나소시지가 일본, 미국, 오스트리아를 거쳐 우리 밥상에 오르게 된 긴 여정은, 어쩌면 이 소시지가 단순히 음식이 아니라 역사의 일부임을 알려 주는 것 같기도 합니다.

벽돌햄, 김밥햄? 너무 가성비 있어 문제인 스모크햄

여러분, 김밥에 들어가는 그 네모반듯한 햄이 왜 '스모크햄'인 줄 아시나요? 이름만 들어 보면 정말 정통 훈제 햄일 것 같지만, 알고 보면 전혀 다른 얘기랍니다.

스모크햄이라는 이름을 들으면 뭔가 외국 고급 햄을 떠올릴 수 있지만, 사실 이 제품은 훈제한 게 아니라 훈제 향을 살짝 첨가한 소시지에 가깝습니다. 인터넷에 '스모크드 햄'을 검색해 보면 우리가 알고 있는 김밥햄 같은 제품은 없고, 주로 생햄 종류만 나옵니다. 그러니까 우리가 먹는 스모크햄은 전통적인 의미의 스모크드 햄과는 완전히 다른 제품이라는 거죠. 일본도 햄에 진심인 나라로 알려져 있는데, 일본에서는 이런 형태의 햄이 거의 없다고

하네요.

스모크햄의 정확한 기원은 불분명하지만, 1980년대 신문 기록에 처음 등장한 것으로 보입니다. 당시에는 상당히 고급 식재료로 취급되었어요. 1980년대 초반, 스모크햄 850g짜리 하나가 5,200원이었다고 합니다. 라면 한 봉지가 100원이던 시절에 말이죠. 이렇게 비쌌던 스모크햄이 어떻게 김밥 속 단골 재료가 됐을까요?

1980년대 말부터 김밥 재료로 쓰이던 어육소시지를 대체하면서 스모크햄이 대중화되기 시작했습니다. 특히 1995년 김밥천국이 생기면서 스모크햄은 완전히 김밥햄으로 자리 잡았습니다. 요즘은 3,000원대 가격으로 흔히 살 수 있는 가성비 좋은 재료가 되었죠. 하지만 원재료를 보면 돼지고기보다는 닭고기를 주로 사용합니다. 그것도 기계발골육이라고 불리는, 닭 정육을 발라내고 남은 고기를 기계로 추출한 가장 저렴한 형태의 고기입니다. 돼지고기가 들어가더라도 3~4% 수준이고, 훈제도 실제로는 하지 않은 제품이 대부분입니다. 외관에 보이는 그을린 듯한 문양도 실제 훈제가 아니라 필름처럼 찍어낸 패턴입니다.

이 제품이 업소용으로 많이 사용되다 보니, 가격 경쟁력을 위해 다양한 식품첨가물이 들어가는 경우가 많습니다. 그래서인지 집에서 직접 사용하기보다는 분식집이나 김밥 전문점에서 주로 만나게 되는 거 같아요. 추억의 음식이긴 하지만, 가정에서 김밥을 만들 때는 조금 더 나은 재료를 선택하는 것도 방법일 겁니다.

스모크햄은 한때 고급 식재료로 불리던 시절을 지나 지금은 가성비로 사랑받는 김밥 속 재료로 자리 잡았습니다. 추억의 맛과 현실적인 가성비 사이에서 여전히 많은 사람의 밥상에 오르는 이 제품, 여러분은 어떻게 생각하시나요?

세계 4대 진미 하몽,
제대로 알고 먹자

스페인 하면 가장 먼저 떠오르는 게 뭔가요? FC 바르셀로나? 아니면 투우 같은 열정적인 이미지요? 미트러버라면 아마 하몽을 떠올리는 분들도 분명 계실 겁니다. 스페인의 하몽은 품질이 정말 남다르죠. 본토의 하몽이 육사시미처럼 생생한 맛이라면, 우리가 흔히 접하는 하몽은 육포 같은 느낌이랄까요? 이번엔 하몽의 모든 것을 A부터 Z까지 알려드리겠습니다.

스페인어로 하몽(Jamón)은 단순히 '햄'이라는 뜻입니다. 다만 유럽에서 햄이라고 하면 주로 돼지고기, 그중에서도 뒷다리를 지칭합니다. 한국에서는 '햄'이라는 단어가 저렴한 가공육을 지칭하는 경우가 많다 보니 하몽이라는 단어가 낯설게 느껴질 수도

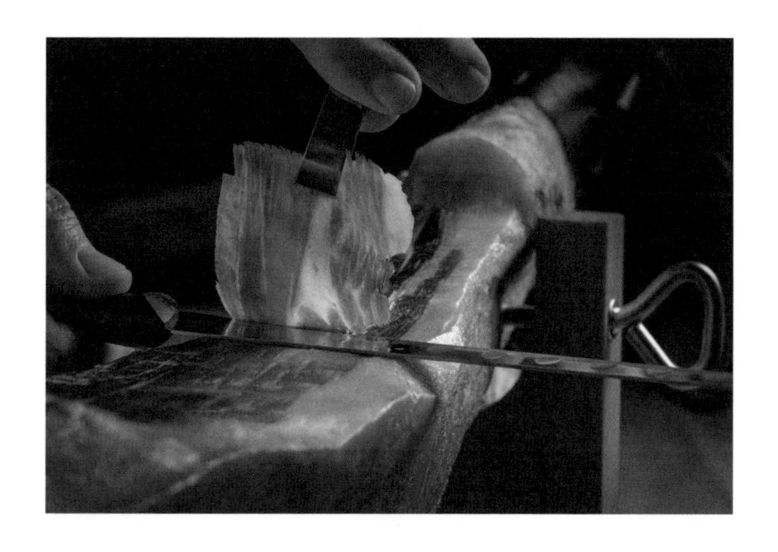

있습니다. 하지만 하몽은 돼지 뒷다리를 염장하고 숙성시킨 고급 전통 음식입니다.

하몽의 역사는 기원전으로 거슬러 올라갑니다. 로마 제국 시절부터 스페인에서 하몽을 만들기 시작했는데요, 스페인은 덥고 건조한 기후 덕분에 하몽을 보관하고 숙성시키기에 적합한 환경을 갖췄습니다. 특히, 대항해시대 때 하몽은 군대의 전투식량으로 인기를 끌며 세계적으로 알려지기 시작했죠.

하몽은 스페인 토종 돼지인 이베리코 돼지로 만듭니다. 그런데 모든 스페인 돼지가 이베리코 돼지는 아니에요. 살라망카, 로스 페드로체스, 우엘바, 에스트레마두라 등 특정 지역에서 자란 순종 돼지만 이베리코 돼지로 인정됩니다. 이 중에서도 'Pata Negra'라는 이름이 붙는 돼지는 100% 순종 이베리코 돼지인데, 발이 검다고 해서 붙여진 이름이랍니다. 이 돼지들은 도토리와 허브를 먹고 자라며, 일반 돼지보다 1년 이상 더 길게 사육됩니다. 이 독특한 식단 덕분에 지방에는 올레인산이 풍부해지고 고소한 빵 향 같은 구수한 맛이 납니다.

하몽은 돼지의 등급에 따라 품질과 가격이 달라집니다. 순혈 비율, 사육 기간, 방목 여부, 먹이 등 다양한 조건이 등급을 결정하죠. 세계적으로 가장 유명한 하몽은 100% 베요타 이베리코 돼지로 만든 하몽인데, 2년에서 4년까지 숙성 과정을 거칩니다. 이 긴 시간과 노력 덕분에 비싼 가격을 자랑합니다.

하몽을 즐기는 방법에도 차이가 있습니다. 얇게 써는 방식인 핸드카빙과 기계를 이용한 머신카빙이 있는데요, 핸드카빙은 한 점 한 점 지방과 살코기의 비율을 맞춰 썰어 내는 기술이 필요해 인건비도 더 들고 맛도 더 좋다고 합니다.

하몽을 카빙하는 작업은 굉장히 숙련이 필요한데, 스페인 하몽 회사들은 직접 카빙 교육을 통해 장인을 키워 내기도 합니다. 하몽 카빙에는 여러가지 도구들이 이용되는데 껍질을 벗기는 큰 칼, 뼈 주변을 작업하는 작은 칼, 그리고 얇게 슬라이스할 수 있는 긴 칼까지, 각각의 도구가 정확한 역할을 가지고 있습니다. 이 칼들은 고기와 지방을 완벽히 분리하고, 고유의 맛을 살리는 데 큰 역할을 합니다.

핸드카빙을 할 때 가장 중요한 건 얇게, 그리고 한 입 크기로 자르는 겁니다. 너무 두꺼우면 입에서 지방이 녹는 속도가 느려지고 맛이 강해져서 하몽의 매력을 제대로 느끼기 어렵습니다. 얇고 적당한 크기로 잘라 낼 때 입 안에서 지방이 부드럽게 녹으면서 고소한 풍미가 터집니다.

하몽 카빙 장인들은 하몽은 꼭 지방과 함께 먹어야 한다고 강조합니다. 하몽의 풍미는 고기보다 지방에 더 많이 숨어 있기 때문이죠. 지방이 하나도 없는 퍽퍽한 등심보다 지방이 골고루 스며 있는 삼겹살이 더 맛있는 것과 같은 이치인 것 같습니다. 하몽에 쓰이는 이베리코 돼지는 불포화지방산과 오메가3 함량이 높다고 하니 부담 없이 드셔도 좋습니다. 또 이 때문에 하몽은 냉장 상태에서는 제맛이 나지 않습니다. 지방이 어느 정도 녹아야 본연의 맛이 더 잘 느껴지거든요. 실온에서 30분 이상 두거나 약한 온도로 데우면 지방이 녹으면서 촉촉해집니다. 이 때문에 전문점에서는 촛불을 가운데에 두고 하몽을 천천히 데우는 전용 플레이트를 따로 내어 줍니다.

하몽을 다 먹고 남은 껍질이나 뼈는 또 다른 요리에 활용할 수 있습니다. 예를 들어, 스페인과 포르투갈에서는 하몽 뼈를 사용해 진한 육수를 내고 수프를 만들기도 합니다. 버려지는 부분이 없다는 점도 하몽의 매력이죠.

한국에서는 하몽과 멜론의 조합이 가장 유명하지만, 유럽에서는 '판 콘 토마테'라는 간단한 핑거푸드를 자주 만들어 먹습니다. 빵에 마늘과 토마토를 문질러 바르고 올리브유와 소금을 살짝 뿌린 뒤 하몽을 얹어 먹는 음식인데 간단하면서도 하몽의 맛을 제대로 즐길 수 있답니다.

하몽에 잘 어울리는 와인도 궁금하시죠? 의외로 화이트 와인이 더 좋습니다. 특히 스페인의 드라이한 화이트 와인인 만자니아가 추천되는데요, 레드 와인의 타닌이 강한 경우 하몽의 섬세한 풍미를 가릴 수 있기 때문입니다. 드라이한 화이트 와인은 지방의 풍미를 살려 주면서도 하몽 본연의 맛을 돋보이게 합니다.

한국에서도 하몽을 쉽게 접할 수 있지만, 유통 과정에서 보존제를 사용하기 때문에 현지에서 갓 썬 하몽과는 약간의 차이가 있을 수 있습니다. 그래도 요즘은 직접 하몽을 썰어 주는 전문점도 늘고 있으니, 기회가 되시면 한번 방문해 보세요.

PART 04

고기에 관한 재미있는 이야기들

세 가지만 알면 평생 쓸모 있는 '고기랑 먹기 좋은 소금, 천일염의 비밀'

고기를 먹을 때 빠질 수 없는 친구가 바로 소금이죠. 특히 천일염을 고기에 찍어 먹으면 고기의 풍미가 한층 더 살아나는데요, 고기와 찰떡궁합인 천일염에 대해 꼭 알아야 할 3가지를 짧고 간단하게 알려드리겠습니다.

첫 번째, 천일염이 전통 소금이고 건강한 소금이다? 이런 이미지는 조금 과장된 부분이 있습니다. 천일염은 사실 전통 방식으로 만들어지기보다는 일제강점기 시절 대만식 염전 기술을 기반으로 생산되기 시작한 소금입니다. 그러니 천일염을 고를 때 굳이 전통이나 건강을 기준으로 삼기보다는, 그냥 맛있으면 되는 것입니다. 소금은 기본적으로 고기를 더 맛있게 만들어 주는 역할이니까요.

두 번째, 염전 바닥을 꼭 확인하세요. 천일염을 만들 때 염전 바닥의 재질이 소금의 품질에 영향을 미칠 수 있습니다. 보통 장판으로 된 염전에서 생산된 소금은 미세플라스틱 성분이 섞일 가능성이 있어요. 대신 흙이나 옹기로 만든 토판염이나 옹기염은 이런 걱정을 덜 수 있습니다. 이 소금들은 바닥에서 불순물이 덜 섞여 더욱 자연스러운 맛을 낼 수 있죠.

세 번째, 간수 제거 여부도 중요한 포인트입니다. 천일염에서 간수란 염화마그네슘 성분으로, 쓴맛을 유발합니다. 간수를 얼마나 뺐느냐에 따라 소금의 맛이 달라지죠. 3년, 5년, 10년 숙성 소금이라는 말을 보셨다면, 간수를 오래 뺀 소금일수록 쓴맛이 덜하고 부드러운 맛이 난다는 뜻입니다. 고기에 찍어 먹을 소금을 고를 때는 이런 점을 고려하시면 더 좋습니다.

실제로 고기를 천일염에 찍어 먹어 보면, 특히 토판염 같은 경우는 약간의 흙 성분이 섞인 듯한 독특한 맛과 함께 부드러운 짠

맛을 느낄 수 있습니다. 또, 일반 소금보다 빠르게 녹아 고기의 육즙과 어우러지며 단맛도 살짝 느껴집니다. 무엇보다 천일염은 특유의 바다 향 덕분에 고기의 풍미를 자연스럽게 끌어올려 줍니다.

히말라야 핑크솔트, 정말 귀한 소금일까?

여러분, 히말라야 핑크솔트 들어 보셨죠? 한 번쯤은 식당이나 마트에서 보셨을 텐데요, 왠지 모르게 고급스럽고 건강에 좋은 느낌을 주는 이 핑크솔트, 정말 그렇게 특별한 소금일까요?

먼저, 히말라야 핑크솔트는 바다 소금이 아닌 암염입니다. 전 세계 사람들이 먹는 소금 중 약 70%는 바다가 아닌 육지에서 캐낸 암염입니다. 히말라야 핑크솔트도 파키스탄의 케우라 광산에서 주로 생산됩니다. 히말라야 산맥이라는 이름이 붙어 있지만, 실제로는 네팔이 아닌 파키스탄 지역에서 나오는 거죠. 한마디로 히말라야 근처의 암염 중 핑크빛이 돌면 '히말라야 핑크솔트'라는 이름을 붙이는 겁니다.

그렇다면, 왜 핑크색일까요? 바로 소금에 함유된 소량의 산화철 때문입니다. 이 철분이 소금의 색을 붉게 만들어 주는 건데요, 사실 모든 히말라야 소금이 핑크색은 아닙니다. 흰색, 갈색, 심지어 노란색도 있고요. 핑크빛이 나는 건 단순히 시각적으로 예뻐 보이기 때문에 더 특별하게 느껴질 뿐입니다.

그럼, 세계적인 요리사들도 히말라야 핑크솔트를 사랑할까요? 이 부분은 약간의 오해가 있습니다. 핑크솔트가 나쁜 소금은 아니지만, 게랑드 소금이나 말돈 소금처럼 특정한 맛과 명성을 가진 고급 소금도 아닙니다. 오히려 핑크솔트로 만든 불판이나 도마 같은 제품들이 더 인기를 끌기도 하죠. 맛 자체가 특별하다기보다는, 시각적이고 마케팅적인 요소로 더 유명해진 소금이라는 생각이 듭니다.

마지막으로, 건강에 정말 특별한 효능이 있을까요? 이 부분은 조금 냉정히 봐야 합니다. 히말라야 핑크솔트가 호흡기 질환 개선, 노화 감소, 성욕 증가, 수면 질 향상 등의 효능이 있다는, 마치 만병통치약 같은 설명을 듣곤 하는데요, 과학적으로 입증된 바는 전혀 없습니다. 미국 FDA도 핑크솔트를 식용 소금으로만 인정했을 뿐, 건강상의 효능에 대해선 경고를 준 바 있습니다. 무엇보다 소금은 기본적으로 염화나트륨이 주성분인데, 핑크솔트 역시 97%가 염화나트륨입니다. 그 외 미량의 미네랄이 들어 있다고 하지만, 이것이 건강에 유의미한 영향을 미친다고 보기는 어렵습니다.

결론적으로, 히말라야 핑크솔트는 그저 예쁘고 보기 좋은 암염입니다. 건강상의 효능보다는 그 시각적 매력과 약간의 마케팅 효과로 인기를 얻었다고 봐야겠죠. 물론 고기와 함께 곁들여 먹으면 맛있는 친구가 될 수 있습니다. 결국, 소금은 맛으로 선택하면 되는 거죠. 그러니 핑크솔트를 사용하실 때는 그저 예쁜 암염이라고 생각하고 즐기시면 좋을 것 같습니다.

미세플라스틱이 걱정된다면 이 소금들을 드세요!

해양 플라스틱 오염이 화두가 되면서 소금 속 미세플라스틱도 신경 쓰지 않을 수 없게 되었습니다. 소금은 절대 빼놓을 수 없는 고기 짝꿍이잖아요. 그런데 미세플라스틱 없는 소금이 따로 있다는 거 알고 계셨나요? 사실 소금은 종류도 많고 제조 방식도 다 달라서 뭐가 더 나은지 헷갈릴 때가 있는데, 이번엔 미세플라스틱 걱정을 조금이나마 덜 수 있는 소금들에 관해 이야기해 보려고 합니다.

먼저 암염 이야기를 좀 해 볼게요. 히말라야 핑크솔트, 잉카 소금 같은 것들이 암염에 속하는데, 이 소금들은 바다였던 곳이 수억 년 전에 육지가 되면서 만들어졌다고 합니다. 플라스틱이 발명되기 훨씬 전부터 존재했으니 상대적으로 안전하다는 얘기가 있습니다. 하지만 암염도 채굴하고 가공하고 포장하는 과정에서 미세플라스틱이 들어갈 수 있다고 하니, 과장된 마케팅에 속지는 말아야 합니다.

정제염도 미세플라스틱 걱정을 덜어 주는 선택지 중 하나입니다. 정제염은 바닷물을 여러 번 걸러서 불순물을 거의 다 제거한 소금인데요, 특히 공정 과정에서 0.1mm 이상의 미세플라스틱은 대부분 걸러 낸다고 합니다. 짠맛이 강하다는 이유로 싫어하시는 분들도 있지만, 소금이 원래 짠맛을 내는 거니까 크게 걱정할 필요는 없겠죠.

또 하나 주목할 만한 건 스마트 염전에서 만든 소금이에요. 여기서는 바닷물을 끌어 올릴 때부터 필터로 미세플라스틱을 걸러 내고, 간수까지 조절한다고 하니 천일염을 좋아하시는 분들에게 좋은 대안이 될 것 같습니다. 이런 방식이 아직은 많이 대중화되진 않았지만, 앞으로는 더 많이 쓰이지 않을까 싶어요.

그리고 자염도 빼놓을 수 없죠. 자염은 한국 전통 방식으로 바닷물을 끓여서 만드는 소금인데, 공정상 온도가 500도 가까이 올라가 미세플라스틱이 녹아 없어질 가능성이 크다고 합니다. 다만 자염을 만드는 업체들이 많지 않아 그 점이 아쉽습니다.

이제부터는 소금을 선택할 때 미세플라스틱까지 고려해야 한다는 사실이 씁쓸합니다.

당신이 깻잎에 대해 몰랐던 세 가지!

깻잎은 상추와 함께 고기 짝꿍으로 가장 유명한 채소지만 정작 깻잎에 대해 잘 모르는 분들이 많습니다. 이번엔 깻잎에 대해 꼭 알아야 할 세 가지를 알려드리겠습니다.

첫 번째, 깻잎이 깨의 잎이라는 사실을 모르시는 분들이 의외로 많습니다. 그런데 참깨의 잎이 아니라 들깨의 잎입니다. 많은 분이 깻잎이 참깨에서 나는 줄 아시는데요, 참깨의 잎은 가늘고 뻣뻣해서 식용으로 적합하지 않습니다. 우리가 먹는 깻잎은 들깨의 잎으로, 들깨와 참깨는 학명부터 다른 별개의 종입니다.

두 번째, 깻잎을 생으로 먹는 나라는 사실상 한국뿐입니다. 심지어 북한에서도 개성 지역을 제외하면 깻잎을 식용으로 사용하지 않는다고 하네요. 깻잎은 한국인에게만 친숙한 식물로, 중국

의 고수나 일본의 시소처럼 지역적으로 사랑받는 허브 채소입니다. 외국에서는 깻잎을 주로 요리 재료로 쓰거나 가공식품으로 이용하지만, 생으로 먹는 문화는 찾아보기 어렵습니다.

세 번째, 좋은 깻잎을 고르는 법입니다. 깻잎은 어린아이 손바닥만 한 크기가 적당하며, 표면에 솜털이 많을수록 맛이 좋습니다. 여름이 제철인 만큼 겨울철 깻잎은 약간 쓴맛이 강할 수 있으니 참고하세요. 영양 면에서도 깻잎은 비타민A와 C가 풍부하고, 철분 함량은 시금치보다 두 배 많아 건강에도 아주 유익합니다.

유독 예민한 탄 고기 공포! 태운 고기는 그저 맛이 없을 뿐입니다!

이런 괴담 들어 보신 적 있으신가요? 선풍기를 틀고 자면 죽는다, 자동차 안에서 잠들면 산소 부족으로 죽는다. 과학과 의학이 발달한 지금, 이런 괴담은 대부분 해소되었죠. 그런데도 여전히 한국 사람들이 과하게 걱정하는 것 중 하나가 있습니다. 바로 탄 고기입니다. '탄 고기는 무조건 암을 유발한다'는 말을 들어 보신 적 있으실 텐데요, 물론 태운 고기가 좋을 건 없지만, 이 정도로 공포에 떠는 건 과한 염려일 수 있습니다.

먼저, 왜 탄 고기를 먹지 말라고 하는 걸까요? 이유는 발암물질 때문입니다. 고기를 150도 이상으로 구우면 벤조피렌과 같은 발암물질이 생성됩니다. 이 벤조피렌은 국제 암 연구소에서 1급 발암물질로 분류되어 있는데요, 사실 이 기관에서는 암 발생 가능

성이 조금이라도 있는 물질은 1급으로 분류합니다. 커피, 햇빛, 소시지 같은 것도 여기에 포함될 정도죠. 특히 벤조피렌은 직화구이로 지방이 떨어져 불에 닿을 때 가장 많이 생성된다고 알려져 있습니다. 그렇다고 우리가 고기를 굽는 걸 멈춰야 할까요?

사실 우리가 매일 마시는 커피도 태운 콩으로 만든 음료라서 미량의 벤조피렌이 있을 가능성이 있습니다. 담배는 탄 고기보다 훨씬 많은 벤조피렌을 함유하고 있고요. 매연이 섞인 공기에도 조금씩 포함되어 있으니, 완전히 피할 방법은 없습니다. 게다가 음식으로 섭취한 벤조피렌은 위산이나 소화 과정에서 일부 분해되기 때문에, 섭취량이 적당하다면 암을 직접적으로 유발할 정도는 아닙니다.

그렇다면 고기를 한 번 구울 때 얼마나 많은 벤조피렌을 섭취하게 될까요? 삼겹살 1kg을 노릇노릇하게 구울 때 약 16마이크로그램(μg)의 벤조피렌이 생성된다고 합니다. 유럽 식품안전청 기준으로 성인의 하루 섭취 허용량은 체중 1kg당 약 70마이크로그램(μg)입니다. 체중 50kg인 성인을 기준으로 계산하면 삼겹살 200g을 먹었을 때 허용량의 0.1% 정도밖에 되지 않는 셈이죠. 즉, 적당히 구운 고기를 먹는 것으로는 걱정할 필요가 없습니다.

그래도 걱정되신다면 몇 가지 팁을 드리겠습니다. 무엇보다 고기를 태우지 않도록 잘 굽는 것이 가장 좋겠죠. 쓴 맛이 날 정도로 까맣게 탄 부분은 가위로 제거하고 먹는 것이 좋고요. 고기를 구울 때 환기를 잘 시키는 것도 중요합니다. 고기 구울 때 나는 연기에는 벤조피렌 외에도 아세트알데하이드, 일산화탄소, 미세먼지 등 유해물질이 포함되어 있습니다. 고기를 구우며 나쁜 공기를 들이마시는 게 오히려 건강에 더 안 좋을 수 있죠. 또 그릴 대신 프라이팬이나 주물판을 사용하는 것도 방법입니다. 벤조피렌은 고기와 불이 직접 만날 때 가장 많이 생성되기 때문에 팬프라잉은 벤조피렌 생성량을 1/100로 줄이는 데 효과적입니다. 마지막으로, 우리가 흔히 먹는 쌈 채소, 마늘, 양파 등은 발암물질의 흡수율을 줄여 주는 효과가 있다고 하니, 함께 드시면 더욱 안심하고 고기를 즐기실 수 있습니다.

결론적으로 탄 고기 공포는 너무 과장된 면이 있습니다. 일상생활에서 우리가 고기를 아예 까맣게 태울 일은 거의 없죠. 노릇하게 익히는 과정에서 일부를 조금 태웠다고 건강에 심각한 문제가 생기지는 않는다고 보셔도 됩니다. 스트레스 받지 말고 맛있게 드시되, 적당한 조리법을 유지하며 드시는 것이 가장 현명한 방법일 겁니다.

빨강, 초록, 검정, 하양, 4색 후추의 맛과 특징은?

혼합 후추 제품을 보면 그 안에 네 가지 색의 후추가 있습니다. 늘 보던 검정 후추에 하얀 후추, 심지어 빨강과 초록 후추까지 섞여 있죠. 고기의 풍미를 확 올려 주는 후추, 어쩌다 이렇게 다양한 색을 가지게 되었을까요?

먼저, 후추는 단일 종입니다. 네 가지 색깔은 단지 수확 시기와 처리 방식의 차이에서 옵니다. 후추 열매는 초록색에서 익을수록 붉은색을 띠게 되는데 어느 시점에서 수확해 어떻게 가공하느냐에 따라 후추의 색이 결정됩니다.

우선 우리에게 가장 익숙한 검은 후추는 덜 익은 초록색 열매를 끓는 물에 데친 후 햇볕에 말려서 만듭니다. 톡 쏘는 향과 강

렬한 매운맛이 특징이라 고기나 풍미가 강한 요리에 잘 어울립니다. 이 검은 통후추를 갈아서 쓰면 가루 후추보다 훨씬 신선한 향이 올라오는 것도 장점이에요. 가루 후추가 직선적인 맛이라면, 통후추는 부드럽고 곡선적인 느낌이랄까요?

덜 익은 초록 후추는 주로 건조하거나 절여서 요리에 사용합니다. 풋풋하고 상쾌한 향이 있지만, 맛은 다소 약하고 씁쓸한 끝맛이 납니다. 데코레이션 용도로도 많이 쓰이는데, 검정 후추보다 맛이 가볍고 산뜻한 느낌을 줍니다.

하얀 후추는 완전히 익은 붉은 후추의 껍질을 벗겨 건조시킨 것입니다. 매운맛이 적고 부드러운 향이 특징이에요. 섬세한 맛을 살려야 하는 요리에 주로 쓰이며, 그 부드러운 풍미 때문에 KFC의 숨겨진 비밀 레시피 중 하나로도 유명합니다. 단맛이 살짝 느껴지는 이 후추는 흑후추의 강렬함과는 또 다른 매력을 가지고 있어요.

붉은 후추는 이름 때문에 오해를 많이 받습니다. 사실 우리가 흔히 보는 빨간 후추는 페퍼트리(후추나무)에서 나온 열매로, 후추와는 다른 식물입니다. 매운맛보다는 단맛과 은은한 후추 향이 나며, 향신료보다는 생과일처럼 즐길 수 있는 독특한 풍미를 가지고 있어요.

마지막으로 피멘토(자메이카 후추)는 후추처럼 보이지만, 사실 또 다른 식물에서 온 열매입니다. 강한 매운맛과 씁쓸한 맛이 특징으로, 고추에 가까운 풍미를 가지고 있습니다. 혼합 후추 제품에는 이 피멘토와 페퍼트리가 들어가는 경우가 많아, 혼합후추를 먹으면 사실상 3가지 향신료를 먹게 되는 셈입니다.

삼겹살과 궁합이 딱!
콜레스테롤 잡는 참기름장!

삼겹살에 딱 어울리는 소스, 하면 무엇이 떠오르시나요? 참기름장이 대표적인 답 중 하나일 겁니다. 참기름장, 고소한 참기름에 맛소금과 후추를 섞은 이 간단한 조합은 삼겹살의 감칠맛을 확 끌어올려 주죠. 하지만 요즘은 쌈장이나 멜젓 같은 다양한 소스가 대세가 되면서 참기름장이 식탁에서 점점 사라지고 있는 것 같아 아쉬운 마음도 드네요.

삼겹살과 참기름장의 궁합이 정말 잘 맞는지 궁금해하시는 분들도 있는데, 결론부터 말하자면 정말 좋은 조합입니다. 다만, 참기름의 불포화지방산이 삼겹살의 포화지방산을 없애 준다는 말은 과장이 섞인 주장입니다. 돼지고기 지방은 포화지방산 100%가 아니라 불포화지방산도 포함되어 있고, 두 지방이 만나서 서

로를 “없앤다”는 건 사실이 아니니까요. 다만, 참기름에 포함된 오메가6 같은 필수 지방산이 콜레스테롤 흡수를 어느 정도 억제할 수는 있습니다.

참기름장은 참기름뿐만 아니라 함께 들어가는 소금에 따라서도 맛이 달라집니다. 맛소금은 오랜 시간 참기름장의 단짝으로 사랑받아 왔죠. 맛소금은 정제염에 MSG가 약간 섞인 제품인데, 간단하면서도 감칠맛을 더해 줘 많은 사람들이 선호합니다. 최근에는 트러플 소금이나 마늘 소금처럼 다양한 소금을 사용해 참기름장을 조금 더 특별하게 만드는 방법도 많이 보입니다. 삼겹살에 곁들이면 확실히 색다른 매력을 느낄 수 있겠네요.

좋은 참기름을 선택하는 것도 중요합니다. 참기름은 유통기한이 1년으로 적혀 있어도, 반년 안에 사용하는 것이 본연의 향을 살리는 데 좋습니다. 또, 너무 진한 색보다는 맑은 색을 띠는 저온볶음 참기름이 더 부드럽고 고소한 맛을 느끼게 해 줍니다. 건강을 고려해 오메가3가 풍부한 들기름을 섞어 사용하는 것도 좋습니다. 오메가6와 오메가3를 4:1로 섭취하면 균형 잡힌 영양을 유지할 수 있다고 하니, 참기름장에 살짝 변화를 주면 새로운 맛과 함께 더 풍부한 영양을 즐길 수 있습니다.

마지막으로 삼겹살과 참기름장을 먹을 때 시금치 반찬을 곁들여 보세요. 시금치에 풍부한 비타민A를 참기름과 함께 섭취했을 때 흡수율이 두 배로 높아진다고 하니, 맛과 건강을 모두 잡을 수 있는 조합입니다. 돼지고기를 구울 때 발생하는 아질산염도 참기름 속 천연 항산화제인 세사몰이 줄여 줄 수 있습니다. 조상님들의 음식 조합에는 다 이유가 있다는 생각이 듭니다.

가짜 와사비 말고 진짜 와사비를 먹어 보자!

소금을 살짝 찍은 좋은 고기에 와사비를 곁들이는 조합은 이제 낯설지 않습니다. 그런데 지금까지 우리가 먹어 온 와사비가 과연 진짜 와사비였을까요? 고기나 회에 곁들여지는 와사비의 정체와 진짜 와사비의 맛에 관해 이야기해 보겠습니다.

와사비라고 불리는 제품 중 상당수는 사실 진짜 와사비가 아닙니다. 대개 서양 와사비로 알려진 홀스래디시와 겨자가 주요 성분인 경우가 많죠. 이런 제품들은 가공 과정에서 색소를 더해 우리가 아는 초록빛 와사비의 모습을 만들어 냅니다. 예를 들어, 시중에서 흔히 볼 수 있는 와사비 제품의 성분표를 보면, 와사비 분말이 1%도 되지 않는 경우가 허다합니다. 나머지는 홀스래디시

와 겨자, 그리고 첨가물로 채워져 있죠. 그러니까 우리가 흔히 먹던 와사비는 진짜 와사비와는 다소 거리가 먼 셈입니다.

진짜 와사비는 물에서 재배하는 물 와사비와 밭에서 기르는 밭 와사비로 나뉩니다. 물 와사비는 그늘진 환경과 일정한 수온이 유지되는 계곡에서 자라는데, 재배 과정이 까다로워 가격이 매우 비쌉니다. 반면, 밭 와사비는 주로 잎과 줄기를 활용하며, 물 와사비에 비해 기르기 쉽고 가격도 상대적으로 저렴합니다. 국내에서도 일부 지역에서 물 와사비 재배를 시작했지만, 일본의 시즈오카나 나가노 같은 특화된 지역에 견주기에는 아직 무리가 있습니다.

와사비의 원산지를 살펴보면, 많은 경우 일본산이 아니라 중국산입니다. 일본에서도 중국산 와사비가 많이 소비되는데, 이는 중국이 대량생산과 균일화에 강점이 있기 때문입니다. 물론, 대량생산 제품은 품질이 떨어질 수 있지만, 가격 경쟁력은 뛰어나죠. 결국, 대부분 사람은 자신도 모르게 중국산 와사비를 접하고 있을 가능성이 큽니다.

그렇다면 와사비를 왜 먹을까요? 단순히 맛있으니까 먹는 거죠. 물론 항균 효과와 식중독 예방 같은 부수적인 이점도 있지만, 맛이 가장 큰 이유입니다. 특히, 고기에 와사비를 곁들이는 문화가 최근 들어 점점 대중화되고 있는데요, 삼겹살이나 갈비 같은 기름진 고기의 느끼함을 잡아 주는 데 와사비만 한 게 없습니다. 쨍한 매운맛과 알싸한 향이 기름진 맛을 중화시키고, 새로운 풍미를 만들어 주니까요.

그럼 진짜 와사비의 맛은 어떨까요? 시중에서 파는 와사비보다 훨씬 부드럽고 온순한 맛이 납니다. 강하게 톡 쏘는 맛이 아니라, 은은하게 매콤하면서도 향긋한 느낌이죠. 상어 가죽 강판에 갈아낸 신선한 생와사비는 색깔도 연녹색이고, 향도 자연스러워서 고기와 곁들여 먹으면 아주 조화롭습니다. 한 번쯤 기회가 된다면 진짜 생와사비를 구해서 직접 갈아 드셔 보세요. 여태까지 몰랐던 새로운 고기 맛을 발견하게 될 수도 있습니다.

마늘, 알고 먹으면 삼겹살이 두 배 더 맛있어집니다!

한국 사람들은 마늘을 얼마나 먹을까요? 연간 1인당 약 7kg을 먹는다고 하니 정말 대단한 양이죠. 참고로 일본 사람들은 연간 0.3kg밖에 안 먹으니 20배 이상의 차이가 납니다. 그런데 이처럼 많이 먹는 마늘, 한국산은 생각보다 많지 않아요. 전 세계 마늘의 약 80%는 중국에서 생산되고, 한국은 그중 1% 정도만 차지한다고 합니다. 섭취량은 많은데 생산량은 적다 보니, 국산 마늘을 애용하는 것도 좋을 것 같습니다.

마늘이 몸에 얼마나 좋은지도 궁금하시죠? 옛말에 "마늘이 인삼만큼 재배가 어렵다면 인삼보다 더 비쌀 것"이라는 말이 있을 정도입니다. 타임지에서 세계 10대 건강식품으로 선정되기도 했죠. 마늘은 비타민B1, B2, C, 칼슘, 철, 인, 아연, 셀레늄 등 정말 많은 성분을 함유하고 있습니다. 그중에서도 알리신은 살균과 항균 효과가 뛰어나고, 소화와 면역력에 도움을 준다고 잘 알려져 있죠. 이 마늘 속 알리신은 씹거나 다지기 전에는 알린이라는 성분으로 존재하다가 조직이 상하는 순간 알리신으로 변하며 강력한 효과를 발휘한다고 합니다. 그래서 마늘 보관 시 통마늘을 그대로 보관하기보단 마늘 끝을 살짝 잘라 두면 알리신 성분이 나와 곰팡이도 덜 생기고 더 오래 보관할 수 있습니다.

마늘은 생으로 먹을 때와 구워 먹을 때 각각 다른 장점이 있습니다. 생마늘은 알리신을 그대로 섭취할 수 있어 항균 효과가 뛰어나지만, 많이 먹으면 속이 쓰릴 수 있습니다. 반면, 구운 마늘은 알리신이 줄어들지만, 쓴맛이 없어지고 폴리페놀과 플라보노이드 같은 항산화 성분이 생성됩니다. 덕분에 노폐물 제거와 다이어트에도 도움이 된다고 합니다.

마늘의 종류에 대해서도 알아볼까요? 마늘은 중부 내륙 지역에서 자라는 한지형 마늘과 남부 해안 지역에서 자라는 난지형 마늘로 나뉘는데, 한지형 마늘은 우리가 흔히 아는 육쪽마늘 같은 토종 품종입니다. 난지형은 생산량이 많고 대체로 외래 품종인 경우가 많죠. 또한, 마늘은 논에서 재배되는 논 마늘과 밭에서 자라는 밭 마늘로 나뉘는데, 논 마늘이 대다수를 차지합니다. 밭 마늘은 맛이 씁쌀하면서도 단맛이 나는 것이 특징이라 더 특별한 풍미를 느낄 수 있습니다.

고깃집에서 참기름에 끓인 마늘을 보신 적 있으시죠? 이 방법도 좋지만, 참기름은 오래 가열하면 발암물질인 벤조피렌이 나올 수 있으니 너무 오래 끓이는 건 피해야 합니다. 그리고 대부분 고깃집에서 쓰는 참기름은 사실 참기름 향이 나는 기름일 가능성이 큽니다. 이렇게 기름을 듬뿍 머금은 마늘은 칼로리가 높아질 수 있으니 적당히 드시는 게 좋겠죠.

건강에도 좋고 고기와 만나면 더욱 빛을 발하는 마늘. 희귀했으면 인삼보다도 비쌌을 거라는 말이 농담만은 아닌 것 같습니다.

친환경, 무항생제, 동물복지 한 번에 알아 두기!

여러분, 고기를 살 때 "이게 친환경인가? 무항생제인가? 동물복지인가?" 고민한 적 많으시죠? 어렵고 헷갈리니까 그냥 대충 지나치게 되기도 하고요. 그래서 이 복잡한 인증들, 딱 한 번에 깔끔하게 정리해 드리겠습니다. 세 가지 개념만 기억하시면 앞으로 고기를 고를 때 훨씬 쉬워질 겁니다.

먼저, 유기축산물이 뭘까요? 유기농은 많이 들어 보셨죠? 간단합니다. 농산물이 유기농산물이면, 축산물은 유기축산물입니다. 유기축산물은 유기농 사료를 먹이고, 친환경적이고 동물복지까지 고려해 키운 축산물을 말합니다. 결국, 유기농산물 생각하듯이 유기축산물도 자연스럽게 이해하시면 됩니다. 이걸 다른 말로 친환경 축산물이라고도 부르고요. 결국 유기축산물, 올가닉, 친환경 축산물은 같은 뜻이라고 보시면 됩니다.

다음으로 무항생제 축산물입니다. 무항생제란 말 그대로 항생제를 쓰지 않고 키운 축산물을 의미합니다. 그런데 여기서 헷갈리는 분들이 많아요. 무항생제 축산물이 동물복지나 유기농과 관련 있다고 착각하시는 분들이 있습니다. 하지만 아닙니다. 무항생제는 단순히 항생제를 쓰지 않았다는 뜻이지, 유기농 사료를 먹였다거나 동물복지를 적용했다는 보장은 없어요. 한때 무항생제 인증 축산물이 친환경 축산물 카테고리에 포함됐었지만, 2020년 8월부터는 법이 바뀌어 따로 분리됐습니다. 이제 무항생제는 친환경 축산물 마크를 사용할 수 없습니다. 그러니까 이제부터는 무항생제와 친환경 축산물은 따로 보시는 게 맞습니다.

마지막으로 동물복지 축산물을 알아볼까요? 이건 앞서 말한 유기축산물이나 무항생제와는 또 다른 개념입니다. 유기축산물과 무항생제가 소비자, 즉 먹는 사람의 관점에서 만들어진 인증이라면, 동물복지는 사육 과정에서 동물들이 얼마나 편안하게 지내는지를 기준으로 만들어진 인증입니다. 사육 환경을 개선하고 동물의 복지를 보장하는 게 핵심이라 까다로운 조건이 많습니다. 그래서 사육하는 사람 입장에서는 비용이 더 들어가는, 말하자면 "가성비가 떨어지는" 인증이라고도 합니다.

이 세 가지 인증을 난이도 순서로 따진다면 유기축산물이 가장 높은 단계이고, 그다음이 동물복지, 마지막이 무항생제 순이라고 볼 수 있습니다. 그런데 이렇게 친환경적으로 소를 키우다 보면 문제가 하나 생깁니다. 바로 소고기의 마블링이 덜 나오는 거예요. 1등급이나 1++등급은 마블링이 기준인데, 유기축산물로 키운 소는 운동량이 많고 자연스럽게 키워서 평균적으로 2등급 정도밖에 나오지 않는다고 합니다. 그러다 보니 유기축산물로 고기를 생산하는 농가는 아주 힘들 수밖에 없습니다.

그래도 유기축산물 가공품, 예를 들어 우유, 요거트, 계란, 치즈 같은 제품은 소비자들에게 인기가 많은 편입니다. 신선도와 품질이 좋으니까요. 하지만 이걸 무조건 사 드시라고 말씀드리긴 어렵습니다. 주머니 사정도 있고, 입맛도 다르잖아요. 특히 마블링을 좋아하시는 분들은 고민이 될 수도 있겠죠. 하지만 고기를 먹는 방식이 점점 다양해지고, 육향이나 신선도 같은 다른 요소들도 주목받고 있으니 알아 두시면 좋을 정보라고 생각합니다.

유기축산물은 유기농 사료를 먹여 친환경적으로 키운 것, 무항생제는 항생제를 쓰지 않은 것, 동물복지는 사육 환경을 개선한 것. 이렇게 간단히 정리하시면 됩니다.

스리라차, 태국 소스가 왜 미국에서 더 유명해?

우리가 흔히 쌀국수집에서 만나는 빨간 스리라차소스. 요즘은 핫도그나 피자집에서도 자주 등장하고 닭가슴살과 궁합이 좋다고 해서 다이어트 하는 분들도 많이 드시죠. 잘 보면 병에 수탉 그림이 그려져 있습니다. 이 수탉 로고의 스리라차소스를 '닭표 스리라차'라고 하는데 후이퐁사에서 만든 브랜드입니다. 미국에서는 이 닭표 스리라차소스가 타바스코소스와 어깨를 나란히 하는 핫소스로 자리잡았습니다.

스리라차소스는 매운맛도 있지만, 마늘과 설탕이 들어가 있어서 복합적인 맛을 냅니다. 타바스코처럼 단순히 고추, 식초, 소금만으로 만든 소스와는 다르게 동양적인 풍미가 더해진 게 특징입

니다. 덕분에 동양인의 입맛에는 더 친근하게 느껴지죠. 미국에서는 스리라차소스를 케첩처럼 사용하거나 마요네즈에 섞어 베이스 소스로 활용하기도 합니다.

미국의 닭표 스리라차는 베트남계 이민자인 데이비드 트랜 씨가 만들었습니다. 이분이 상표권을 따로 주장하지 않아서 다른 회사에서도 스리라차소스를 만들기도 하고 관련 상품들도 나올 수 있었다는 이야기가 있는데요, 트랜 씨가 만약 상표권을 주장하고 싶었어도 아마 쉽지 않았을 겁니다. 왜냐하면 스리라차는 고추장이나 된장처럼 태국에서 구전으로 레시피가 전해져 오던 소스이고, 이름 자체도 '시라차'라는 태국 지역에서 빌려온 것입니다.

우리도 "고추장은 누가 처음 개발했어?"라고 물어보면 대답하기 어렵죠. 너무 오래됐으니까요. 이 스리라차소스도 마찬가지인데, 그래도 원조 격을 말해 보라고 하면 일반적으로 태국 브랜드인 스리라자 패니치(Sriraja Panich)가 가장 많이 언급됩니다. 후이퐁사보다 30년 더 앞선 1949년에 시작한 회사입니다. 후이퐁사는 1980년에 창업했으니까 적어도 30년은 더 앞섰죠. 당시 스리라차 패니치의 소스가 태국인들뿐 아니라 중국계 화교들 사이에서 폭발적인 반응을 얻었습니다. 이 브랜드도 아예 무에서 유를 창조해 낸 게 아니라 중국 광둥 지방에 원래 있던 고추마늘소스에 착안해서 개발했기 때문에 중국인들의 입맛에 잘 맞았던 거죠.

20세기 초에 중국 광둥 지역 주민들이 태국으로 많이 이주했는데 시라차는 이민자를 많이 받은 지역 중 하나였습니다. 시라차에 정착한 중국계 태국인들이 고향에서 먹던 소스를 현지식으로 만든 것이 스리라차소스의 원조라고 보는 게 현재 정설로 여겨집니다. 베트남 출신인 트랜 씨가 태국 소스인 스리라차를 알고 있었던 것도 트랜 씨가 토종 베트남인이 아니라 중국계 화교였기에 가능한 일입니다. 그러니까 닭표 스리라차는 중국계 베트남인이 태국식 소스를 미국에서 만든 상당히 복잡한 태생의 소스입니다. 태국 시라차 지역에서는 1932년도부터 스리라차소스를 만들어서 팔고 있는 가족도 있다고 하니까, 이 스리라차가 굉장히 오래된 레시피의 소스인 건 확실합니다. 다만 미국 소재 기업인 후이퐁사가 닭표 스리라차를 만들며 세계적인 명성을 얻게 된 거죠.

그런데 이 닭표 스리라차의 가격이 많이 오를 때가 있습니다. 2023년 미국에서는 닭표 스리라차가 품귀 현상을 빚으며 10배가량 비싸졌었는데 이유는 다름 아닌 기후 위기 때문입니다. 닭표 스리라차 주재료가 할라피뇨 고추인데 주로 멕시코와 미국 텍사스주, 뉴멕시코주에서 재배되는데 지역이 최근 기후변화 직격탄을 맞아서 수확철에 고추가 다 말라 버린다고 합니다. 후이퐁사에서 2020년부터 지구 온난화 때문에 고추 수급이 어렵다는 이야기가 나오기 시작했는데 2022년 여름에는 생산을 일시 중단할 정도였고 2023년에도 평소처럼 물량을 만들 수가 없다고 발표했었죠. 기후 위기가 갈수록 심해지고 있어서 점점 이 닭표 스리라차를 구하기가 어려워지지 않을까 생각됩니다.

그래도 대안은 있습니다. 현재 태국에서는 시라차 지역 전통 레시피대로 스리라차소스를 만들어서 파는 브랜드들이 있는데 한국에서 저렴하게 구할 수 있습니다. 미국 후이퐁 스리라차와 태국 스리라차의 가장 큰 차이는 고추 품종입니다. 후이퐁은 멕시코산 할라피뇨를 쓰고 태국 스리라차는 태국산 타이칠리를 사용합니다. 태국 고추는 생산량이 평년과 크게 다르지 않아서 가격이 비교적 안정적입니다. 둘의 차이를 보면 태국 고추가 할라피뇨보다 조금 더 매우면서 달콤한 과일 향이 나고 할라피뇨는 매운맛이 덜하고 풋풋한 야채 향이 납니다. 우리도 고추에 따라서 고추장 맛이 확 갈리는 것과 비슷하죠. 닭표 스리라차의 가격이 요동칠 때 태국산 스리라차를 기억하시면 도움이 될 수 있습니다.

삼겹살에 표고버섯이 또 그렇게 잘 어울립니다!

여러분, 마트에서 고기를 사면서 같이 구워 먹을 버섯을 고를 때 무엇을 선택하시나요? 아마 양송이나 새송이를 주로 고르실 텐데요, 그럴 때마다 저는 속으로 이런 생각을 하곤 합니다. "왜 표고버섯은 안 고를까?" 돼지고기, 특히 삼겹살과 표고버섯의 조합이 얼마나 잘 어울리는지 알게 되면, 다음엔 분명히 표고를 집어 들게 되실 겁니다.

표고버섯은 주로 참나무나 밤나무 같은 활엽수 고목에서 자랍니다. 이름부터 독특하지 않나요? 다른 버섯들은 송이, 능이처럼 '이' 자로 끝나는데, 표고는 '고' 자로 끝납니다. 그래서 표고버섯이라고 말하기보다 그냥 표고라고 부르셔도 됩니다. 이미 500년 넘게 '표고'라는 이름으로 기록된 전통 깊은 이름이니까요. 우리

가 먹는 건 대부분 양식입니다. 자연산 표고는 가격이 비싸니 양식 표고도 충분히 맛있게 즐길 수 있습니다.

이 표고는 한국, 중국, 일본 세 나라에서 모두 사랑받는 식재료입니다. 일본에서는 과거 에도 시대에 말린 표고 한 상자가 성을 살 정도로 귀하게 여겨졌다고 하죠. 말린 표고는 향과 감칠맛을 극대화해 전통적인 조미료로 사용됐습니다. 여러분도 잘 아시는 MSG의 감칠맛 성분인 우마미, 그중에서도 건조 표고에 많이 들어 있는 GMP와 AMP가 그 맛의 비결입니다. 말린 표고와 다시마를 함께 사용하면 천연 MSG 같은 효과를 낼 수 있습니다.

표고와 삼겹살의 조합은 단순히 맛에서 끝나지 않습니다. 돼지고기는 산성이고 표고는 알칼리성이어서 둘이 만나면 맛도 조화롭고 몸에도 부담을 덜 줍니다. 게다가 표고버섯에는 돼지고기의 잡내를 잡아 주는 에리타데민 성분이 들어 있습니다. 섬유질이 풍부해 콜레스테롤 수치를 낮추는 데도 도움이 되지만, 고기를 많이 드시면 이 효과는 조금 묻힐 수 있습니다.

좋은 표고를 고르려면 갓이 적당히 펴져 있고, 안쪽 주름이 뭉개지지 않으며 줄기가 통통하고 짧은 것을 선택하세요. 보관은 밀폐 용기에 넣어 물기가 닿지 않도록 하는 것이 좋습니다. 만약 신선한 표고를 다 먹기 어려운 상황이라면, 건표고를 구입해 필요할 때마다 물에 불려 사용해 보세요. 활용도가 훨씬 높아집니다.

저는 삼겹살보다 목살과 표고를 함께 구워 먹는 것을 더 좋아하는데요, 목살의 쫀득한 식감이 표고와 어우러지면 그 맛이 정말 일품입니다. 특히 참기름장에 찍어 먹으면 그 향이 배가되면서 고기 맛을 한층 더 끌어올려 줍니다. 한번 표고를 곁들여 삼겹살이나 목살을 구워 보세요. 평소 먹던 고기의 매력이 새롭게 다가올 겁니다.

고기 핏물 빼야 한다 vs 육즙을 왜 빼냐? 논란 정리

고기로 국물이나 찜 요리를 준비할 때 가장 흔히 듣는 조언 중 하나가 바로 '핏물을 빼라'는 것입니다. 그런데 정말 핏물을 빼는 게 올바른 조리법일까요? 이 핏물 빼기 논란을 한번 깔끔하게 정리해 보려고 합니다.

먼저 핏물의 정체부터 짚어 봅니다. 고기를 물에 담가 두면 나오는 붉은 액체를 흔히 핏물이라 부르는데요, 사실 이건 우리가 흔히 말하는 피가 아니라 고기 근육 속 산소를 운반하는 단백질인 미오글로빈 성분입니다. 미오글로빈 때문에 고기가 붉은색을 띠게 되죠. 육회도 붉지만 먹으면서 피 특유의 쇠 맛이 난다고 느껴지지 않는 이유도 이 때문입니다.

그렇다면 뼈가 붙은 갈비나 사골 같은 경우는 어떨까요? 이런 부위는 이야기가 조금 달라집니다. 잘 알려진 것처럼 뼈는 피를 만드는 역할을 하죠. 뼈 안쪽에는 실제로 피를 생성하는 골수가 있고, 여기서 조혈모세포가 혈액을 만들어 냅니다. 그래서 뼈에 붙어 있는 부위는 실제 핏물이 일부 섞여 있을 수 있습니다. 과거에는 도축 기술이 지금처럼 발달하지 않아 근육이나 뼈 주변에 혈액이 남아 있는 경우가 많았습니다. 이런 핏물은 부패를 일으키기 쉬워서 반드시 제거해야 했죠. 하지만 요즘은 도축 과정에서 대부분 혈액이 제거되기 때문에 살코기의 경우 굳이 핏물을 뺄 필요가 없습니다. 다만 뼈가 붙은 부위는 뼛속 핏물이나 부스러기 등을 제거하기 위해 물에 담가 두는 것이 여전히 유효합니다.

그럼 요리에 따라 핏물을 빼야 하는지 아닌지를 살펴봅시다. 먼저 맑은 국 요리 같은 경우, 미오글로빈에서 나오는 철분 성분이 텁텁한 맛을 낼 수 있습니다. 그래서 이런 요리를 할 때는 핏물을 빼는 것이 좋습니다. 물에 3시간 정도 담가 두면 철분 냄새가 줄어들어 맑고 깨끗한 국물을 낼 수 있죠. 반면, 육개장이나 해장국처럼 진한 맛을 내는 요리에는 굳이 핏물을 빼지 않아도 됩니다. 이 경우 고기를 가볍게 볶아 사용하는 것이 오히려 풍미를 살릴 수 있습니다.

구이나 찜 요리는 어떨까요? LA갈비나 양념갈비찜처럼 바로 구워 먹는 요리라면 핏물을 빼지 않아도 큰 문제가 없습니다. 하지만 장시간 양념에 절여야 하거나 대량으로 준비하는 경우, 핏물이 양념 맛을 변질시키고 고기를 빨리 상하게 할 수 있으니 핏물을 빼는 것이 더 안전합니다.

결론적으로, 모든 요리에 핏물을 빼야 한다거나, 반대로 빼지 말아야 한다고 고집할 필요는 없는 거죠. 맑은 국물 요리는 핏물을 빼는 것이 좋고, 진한 양념 요리나 구이는 그대로 두는 것도 나쁘지 않습니다.

득보다 해가 더 많은 고기 물로 씻기

고기를 물로 씻어야 할까요? 아니면 그냥 조리하면 되는 걸까요? 생고기 구이 문화가 발달된 한국은 생고기가 밥상 위에 올라옵니다. 그래서 고기 위생 관리가 매우 중요한데 종종 온라인에서 시킨 육회를 먹고 소비자들이 대규모로 식중독을 일으키는 사건이 생기는 것도 하나의 예죠. 생고기는 박테리아나 대장균에 감염될 가능성이 크기 때문에 유통이나 보관 과정에서 작은 실수 하나만으로도 문제가 생길 수 있습니다.

사실 도축 후 가공과 유통 과정에서 위생 관리는 점점 개선되고 있습니다. 2010년 서울시에서 정육점 목장갑 위생 조사를 했을 때는 91개 중 17개소에서 세균과 대장균이 기준을 초과했지만, 이후 일회용 장갑이나 라텍스 장갑 사용이 권장되면서 현재는 많이 나아졌습니다. 그런데 고기의 위생 상태가 찝찝하다고 해서 고기를 씻는 건 그다지 좋은 해결책이 아닙니다. 고기를 씻어도 균이 제거되는 건 아니거든요. 균은 고기 표면뿐 아니라 근섬유 조직 안쪽에도 자리 잡고 있기 때문에 씻어도 완전히 제거되지 않습니다. 오히려 씻는 과정에서 떨어진 균이 싱크대나 다른 조리 도구로 옮아가 교차 오염을 일으킬 가능성이 큽니다.

특히 닭고기는 살모넬라균이나 캄필로박터균처럼 강력한 세균이 많아 더 조심해야 합니다. 닭고기에 있는 균들은 아주 소량으로도 인체에 식중독을 일으킬 수 있죠. 연구에 따르면 닭을 씻은 후 싱크대를 조사했을 때 60%에서 닭의 균이 발견되었다고 합니다. 이런 이유로 닭고기를 손질할 때는 따로 도마와 칼을 쓰는 것이 좋다고 권장됩니다.

구이용 고기를 물로 씻는 것은 특히 피해야 합니다. 물기가 고기 표면에 남아 있으면 구운 고기의 핵심인 마이야르 반응이 잘 일어나지 않아 고기의 풍미가 떨어지기 때문입니다. 마이야르 반응은 고기 표면이 건조할 때만 제대로 일어나는데, 물기가 남아 있으면 삶는 효과가 발생해 고기의 맛이 밋밋해질 수 있습니다.

그럼 고기를 깨끗하게 관리하려면 어떻게 해야 할까요? 가장 좋은 방법은 미트 페이퍼로 고기 겉면을 살짝 닦아 주는 것입니다. 국거리나 양념육처럼 조리 전 살짝 데치는 방법도 위생을 높이는 데 도움이 됩니다. 끓는 물에 살짝 데치면 표면의 오염 물질을 제거할 수 있어 안심하고 사용할 수 있습니다. 또 고기를 75도 이상으로 익히면 선도에 문제가 있는 고기가 아닌 이상 대부분의 균이 제거된다고 하니 너무 걱정하지 않아도 될 것 같습니다.

결론적으로, 고기를 물로 씻는 것은 득보다 해가 많습니다. 씻는다고 균이 완전히 제거되지 않을뿐더러, 교차 오염이 발생할 위험이 크고, 특히 구이용 고기는 맛이 떨어지기 쉽습니다. 건강한 고기를 위생적으로 먹기 위해 씻는 대신 조리 과정에서 안전하게 처리하는 방법을 선택하는 것이 더 좋겠습니다.

평생 쓰는 스테인리스 팬, 이렇게 고르세요

스테인리스 팬을 고르다 보면 "STS 304" 같은 숫자를 보신 적 있으실 겁니다. 이 숫자는 미국철강협회(AISI)에서 지정한 등급 번호로, 팬의 재질과 품질을 알려 주는 중요한 정보입니다. 그런데 사실 복잡하게 느낄 필요는 없습니다. 팬을 고를 때는 304와 316 이 두 가지 숫자만 기억하면 충분합니다.

304는 크롬과 니켈이 포함되어 있어 내구성이 뛰어나고, 가정용 팬으로 가장 널리 사용되는 등급입니다. 가격과 성능의 균형이 좋아, 유명 셰프 제이미 올리버도 이 등급의 팬을 사용하는 것으로 알려져 있습니다. 반면, 316은 크롬과 니켈에 몰리브덴이 추가로 포함된 고급 스테인리스입니다. 몰리브덴 덕분에 바닷물이

나 화학약품에도 강한 내성을 가지며, 내구성이 훨씬 뛰어납니다. 하지만 그만큼 가격도 비싸, 304보다 3~4배 정도 높은 경우가 많습니다.

일상적인 요리를 위해서는 304 제품만으로도 충분합니다. 316은 높은 내구성이 필요한 특별한 환경에서 적합한 제품이죠. 따라서 가정에서 사용할 스테인리스 팬을 고를 때는 304가 가성비 좋은 선택이라는 점을 기억하시면 됩니다. 참고로 팬에 적힌 "18-8"이나 "18-10" 같은 숫자는 크롬과 니켈의 함량 비율을 나타냅니다. 결국, 스테인리스 팬을 고를 때는 304는 가성비, 316은 고급 제품이라는 기준만 기억하면 충분합니다.

그리고 스테인리스 제품을 사용하실 때 기억해야 할 게 있는데 바로 연마제를 제거하고 사용해야 한다는 점입니다. 연마제는 팬 표면에 흠집이 나거나 부식되는 것을 방지하기 위해 처리하는 약품인데, 여기에는 실리콘 카바이드 같은 발암 물질이 포함된 경우도 있습니다. 팬을 처음 사용할 때 표면에서 묻어 나오는 검은

물질이 바로 이 연마제입니다.

연마제를 제거하는 방법은 간단합니다. 인터넷에서도 흔히 볼 수 있듯, 먼저 팬에 식용유를 묻혀 전체적으로 닦아 낸 뒤, 세제와 베이킹소다를 섞어 팬을 꼼꼼히 씻으면 대부분 안전한 수준으로 제거된다고 합니다. 팬뿐만 아니라 수저, 컵, 접시 같은 스테인리스 제품들도 대개 마지막 단계에서 연마제가 처리된 상태로 나오기 때문에 잊지 말고 사용 전에 꼭 닦아야 합니다.

처음 미트러버라는 이름을 걸고 황재석 사장이 유튜브를 한다고 했을 때, 뜬금없다는 생각이 들었습니다. 대기업 마케팅을 해왔던 황 사장이 갑자기 고기 유튜버를 하겠다니 무모해 보이기까지 했습니다. 다섯 평도 안 되는 스튜디오를 만들고 조리대를 설치하더니 직접 대본을 짜고 영상을 제작하는 황 사장을 보며 실행력이 남다르구나 싶으면서도 구독자를 제대로 모을까 걱정이 되기도 했습니다. 그렇게 시작한 미트러버가 이제 35만 구독자와 함께 고기 전문 정보 채널로 성장하였습니다. 흥미를 끌 수 있는 먹방도 아니고 스타에 의존한 것도 아니었습니다.

그리고 5년 넘게 유튜브 방송을 하면서 축적된 정보를 이렇게 책으로 출판까지 하게 되어 정말 감회가 새롭습니다. 500개가 넘는 동영상을 활자화하고 영상에서는 하지 못한 말도 책으로 담았습니다. 이 책이 구독자들과 고기 정보에 목말랐던 소비자들에게 작지 않은 선물이 되길 바랍니다.

국내 식육 산업은 49조 원에 달하는 엄청난 규모의 시장으로 성장했지만, 식육 산업의 유통구조는 과거와 크게 다르지 않습니다. 네이버에서 '소고기 구이용'을 검색하면 45,000건 이상의 소고기가 나옵니다. 브랜드나 등급별, 부위별로 나누어져 있기는 하지만, 소비자 입장에서 어떤 소고기를 구매할 것인지 막막한 것은 여전합니다. 사진으로만 보여지는 소고기가 정말 1++ 등급인지, 안심이 맞는지 믿고 사지 못하는 현실도 말이죠. 다양한 브랜드들이 있기는 하지만, 소비자들이 느끼는 브랜드의 신뢰성도 높지 않습니다.

이런 시장 속에서 미트러버가 기존 유통 구조에 새로운 바람을 일으킬 수 있는 비즈니스 모델을 개발하면 어떨까 하는 기대를 해 봅니다. 유튜브에서 식육 정보 채널로 쌓은 신뢰를 바탕으로 한다면 불가능하다고 생각하지 않습니다. 지난 5년간 축적된 정보들이 소비자들의 선택과 취향에 맞게 재구성될 수 있다면 소비자들에게 신선하게 다가갈 수 있으리라 기대해봅니다.

미트러버는 언론사로서의 공정성을 유지하기 위하여 그동안 광고를 받거나 수익 사업을 하지 않았지만, 최근 새로운 길을 모색하면서 광고를 실어 보기도 하고 컬래버 상품을 계획하는 등 여러 시도를 하고 있습니다. 오랜 구독자 여러분, 그리고 앞으로 함께해 주실 구독자분들께서 미트러버의 새로운 시도에 관심을 가져 주시기 바랍니다.

미트러버는 식육 정보 채널로서 자리매김을 하고 있고, 앞으로도 양질의 콘텐츠를 통해 구독자들의 기대에 더욱 부응하는 채널이 되도록 물심양면으로 힘쓰겠습니다. 계속 지켜봐 주시고 저희의 행보를 응원해 주시면 더할 나위 없이 힘이 될 것 같습니다.

㈜미트러버 대표 서대식

미트러버의 고기 백과사전

초판 1쇄 펴낸 날 | 2025년 2월 28일

지은이 | 황재석, 김지윤
펴낸이 | 홍정우
펴낸곳 | 브레인스토어

책임편집 | 김다니엘
편집진행 | 홍주미, 이은수, 박혜림
디자인 | 이예슬
마케팅 | 방경희

주소 | (03908) 서울시 마포구 월드컵북로 375, DMC이안상암1단지 2303호
전화 | (02)3275-2915~7
팩스 | (02)3275-2918
이메일 | brainstore@publishing.by-works.com
블로그 | https://blog.naver.com/brain_store
인스타그램 | https://instagram.com/brainstore_publishing

등록 | 2007년 11월 30일(제313-2007-000238호)

ISBN 979-11-6978-048-3 (03590)